STRESS

하루 한 권, 스트레스

노구치 데쓰노리 지음

이선희 옮김

일상 속 스트레스를 마주하는 작은 힌트

노구치 데쓰노리

1958년 아이치현 출생. 도카이 대학교 졸업. 마케팅 리서치 회사를 거쳐 현재는 작가로 독립. 집필활동뿐만 아니라 확률을 주제로 한 강연가로 활동하고 있다. 주요 저서로는『知ってトクする確率の知識 확률은 성공의 답을 알고 있다』,『数学的センスが身につく練習帳 수학 왕이 되는 연습 노트』,『数字のウソを見抜く 가짜 수학을 가려내라』,『みんなが知りたい男と女のカラダの秘密 모두가 알고 싶은 남자와 여자의 신체 비밀』,『マンガでわかる確率入門 만화 확률 7일 만에 끝내기』,『身体に必要なミネラルの基礎知識 내 몸을 살리는 미네랄 백과사전』,『マンガでわかる神経伝達物質の働き 만화로 배우는 신경 전달 물질이 하는 일』,『マンガでわかるホルモンの働き 만화로 배우는 호르몬이 하는 일』〈サイエンス・アイ新書〉,『判断と選択に役立つ〈数〉の法則 숫자의 법칙: 생각의 틀을 바꾸는 수의 힘』〈河出書房新社〉,『「成功法則」を本気で科学する〈성공의 법칙〉을 탐구하라』〈ベストセラーズ〉,『入門統計学はこんなに役立つ 입문 통계학은 이런데 도움이 된다』〈宝島社〉 등이 있다.

일러두기

본 도서는 2015년 일본에서 출간된 노구치 데쓰노리의
『マンガでわかる ストレス対処法』를 번역해 출간한
도서입니다. 내용 중 일부 한국 상황에 맞지 않는 것들은
최대한 바꾸어 옮겼으나, 불가피한 경우 일본의 예시를
그대로 사용했습니다. 또한 일본에서는 우철 제본으로
출판된 도서이기 때문에 만화가 우철 기준으로 배치되어
있습니다. 만화는 오른쪽에서 왼쪽 순서로 읽어주세요.

들어가며

스트레스 스트레스 급성 스트레스 만성 스트레스

누구나 크고 작은 스트레스를 안고 살아갑니다. 현대 사회는 업무, 인간 관계, 금전이나 생계에 대한 불안 등 다양한 스트레스로 넘쳐나기 때문이지요. 계속해서 이런 스트레스를 받다 보면 정신적으로도 신체적으로도 고장 나기 마련입니다.

하지만 막상 스트레스를 없애려 해도 현실의 벽은 높기만 합니다. 그래서 우리는 스트레스와 마주하고 함께 살아갈 수밖에 없습니다. 스트레스를 적당히 털어버리고, 덜 받도록 노력해야 합니다.

그러기 위해서 스트레스의 메커니즘과 스트레스가 신체와 정신 건강에 미치는 영향을 알아두면 도움이 됩니다. 그러고 나서 스트레스를 줄이는 방법과 스트레스 대처법을 모색해 보는 거지요.

결론부터 말하면, 정신적 스트레스는 스트레스를 어떤 식으로 수용하느냐가 가장 중요합니다.

스트레스가 전혀 없는 것보다 적당한 스트레스가 생산성 향상에 도움이 된다는 사실은 잘 알려져 있습니다.

같은 스트레스를 받아도 수용 자세에 따라 긍정적 스트레스가 될 수도 있고, 부정적 스트레스가 될 수도 있답니다.

관점만 살짝 바꾸면 스트레스가 완화되면서 마음도 편해지는데 시도하지 않을 이유가 없지요. 스트레스를 긍정적으로 수용하도록 조금이라도 노력해봅시다.

산다는 건 스트레스 바다를 죽을힘을 다해 헤엄치는 것과 같습니다. 때로는 스트레스에 압도당해 우울해지고, 불안과 공포로 두 손 두 발 다 들어버리고 싶을 때도 있겠지요.

스트레스 바다에 빠져 죽을 것만 같다면 아무것도 하지 않고 쉬면서 다시 움직일 수 있을 때까지 기다려봅시다. 그리고 움직일 수 있게 됐을 때 눈앞에 있는 일, 할 수 있는 일을 하나씩 처리하면 됩니다.

머릿속으로 고민해 본들 아무 소용이 없습니다. 스트레스도 사라지지 않고요. 결국 움직여야 앞으로 나아갈 수 있고 스트레스도 사라집니다.

스트레스를 긍정적으로 수용하고 해소하기 위해서는 할 수 있는 일부터 실행해야 합니다. 그래도 너무 힘들면 쉬었다 갑시다.

이 책이 스트레스를 마주하는 데 있어 작은 힌트가 되기를 바랍니다.

노구치 데쓰노리

목 차

제3장 신체적 스트레스 반응

제4장 정신적 스트레스 반응

제5장 스트레스 대처법

제1장

스트레스란 무엇일까?

요즘 세상이 스트레스 사회라고 불리곤 하지만, 스트레스를 나쁘게만 볼 수는 없습니다. 적당한 스트레스는 긍정적 결과를 불러오는 원동력이기 때문입니다. 이 책의 서두에 해당하는 제1장에서는 스트레스의 의미와 분류, 스트레스 연구의 역사에 대해 짚어보도록 하겠습니다.

휘릭   휘릭

뭐가 먼지
모르겠어.

스트레스?
아빠가 걱정이야.
스트레스를 없애려면
어떻게 해야 하지?
스트레스가 뭐지?
병인가? 아니면…

깜짝

불쑥

스트레스를
알고 나를 알면
백전백승!

안녕! 친구~
스트레스가
괴롭혀?

조수
쁘띠 냥

스트레스 권위자
냥 선생

궁금해!
가르쳐
줄래?

그치!

우린 오랫동안
인간을 관찰했거든.
그래서 스트레스에
대해 아~주 잘 알아!

스트레스의 의미

현대 사회를 살고 있는 우리는 스트레스라는 말을 들으면 정신적, 신체적 중압감부터 떠올릴 것이다.

'커다란 스트레스가 가중된다.'라는 표현은 그야말로 외부에서 가해지는 자극을 뜻한다. '스트레스가 쌓인다.'처럼 신체적, 정신적 영향이나 상태를 의미하는 표현도 있다.

원래 스트레스는 물리학이나 공학 분야에서 사용되던 전문용어로 외부 자극으로 발생한 '왜곡'이나 '변형'을 말한다. 예를 들어 손으로 고무공을 눌렀을 때 공이 찌그러진 상태가 스트레스다.

1936년 캐나다의 내분비학자 한스 셀리에(Hans Selye)가 외부 자극으로부터 발생하는 체내 반응을 스트레스 학설로 발표하며 스트레스라는 용어가 대중화되었다.

현재 의학적으로 공을 누르는 손처럼 스트레스의 원인이 되는 외부 자극을 스트레스원(Stressor, 스트레서), 손에 눌려 찌그러진 공처럼 외부 자극(스트레스원)으로 인해 발생한 신체적, 정신적 변화를 스트레스라고 부른다. 만약 소음 때문에 짜증이 났다면 소음은 스트레스원이고 짜증이 나는 게 스트레스다.

하지만 일반적으로 스트레스라는 용어를 사용할 때 스트레스원과 스트레스를 구별하지 않고 통틀어 스트레스라고 부르는 경우가 많다.

찌그러진 공이 원래 상태로 돌아가려 하듯 스트레스를 받은 신체도 원래 상태로 돌아가려고 한다. 이것이 스트레스 반응이다.

즉, 스트레스 반응이란 외부 자극으로 인해 체내에 만들어진 '왜곡'을 정상 상태로 되돌리려는 반응을 말한다.

※주: 이 책에서는 엄밀한 구별이 필요하다고 판단한 부분을 제외하고는 스트레스로 통일했다.

다양한 스트레스원

스트레스의 원인이 되는 외부 자극을 스트레스원(Stressor, 스트레서)이라고 한다. 스트레스원은 크게 네 가지로 분류할 수 있다.

소음과 기온 같은 물리적 스트레스원, 약품과 유해 물질 같은 화학적 스트레스원, 질병과 부상 같은 생물학적 스트레스원, 불안과 인간관계 같은 정신적 스트레스원이다.

물리적, 화학적, 생물학적 스트레스원은 소위 말하는 신체적 스트레스, 정신적 스트레스원은 정신적 스트레스다.

단, 같은 스트레스원에 노출돼도 스트레스 반응은 개인마다 다르다.

동일한 환경에서 스트레스라고 느끼는 사람과 그렇지 않은 사람이 있다는 뜻이다. 예를 들어 한여름에 에어컨이 고장 나서 푹푹 찌는 사무실에서 일하게 되었을 때를 생각해 보자. 개의치 않고 일에 집중하는 사람이 있는가 하면 짜증을 내거나 불쾌감을 느끼는 사람도 있다.

또 상사에게 주의를 받거나 해고 되는 등 같은 경험을 해도 스트레스 반응은 사람마다 제각각이다.

무리한 업무 할당량이 주어졌을 때 오히려 동기부여로 삼아 적극적으로 나서는 사람이 있다. 하지만 이것을 스트레스로 받아들여 정신적으로 괴로워하다 건강까지 해치는 사람도 존재한다.

같은 인물이라도 상황과 처지, 나이에 따라 스트레스 반응이 달라질 때도 있다.

이처럼 스트레스원에 대한 신체적, 정신적 강도와 수용 정도는 사람마다 제각각이며 상황에 따라 달라진다. 결과적으로 스트레스 크기도 달라진다.

스트레스원

스트레스의 원인인 스트레스원은 네 가지로 나눌 수 있어.

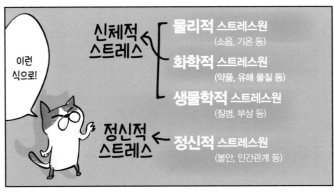

이런 식으로!

신체적 스트레스

물리적 스트레스원
(소음, 기온 등)

화학적 스트레스원
(약품, 유해 물질 등)

생물학적 스트레스원
(질병, 부상 등)

정신적 스트레스 ← **정신적** 스트레스원
(불안, 인간관계 등)

죄송합니다.

뭐 하자는 거야!

스트레스 반응은 천차만별 이지.

같은 인물이라도 나이와 처지에 따라 받는 충격이 다른 법.

성격마다 다르네~

회사를 그만둬야 하나...

더벅더벅 ...

물컹

내일부터 열심히 해보자! 하하하

탱탱

싸악

15

스트레스는 신체의 방어반응

스트레스를 쉽게 설명하자면 외부 자극으로부터 체내에 발생한 '왜곡'을 정상 상태로 되돌리려는 신체의 방어반응이다. 하지만 강하고 지속적인 스트레스원에 노출되면 '왜곡'을 정상적인 상태로 되돌릴 수 없게 된다.

혹은 정상 상태로 되돌리려는 작용이 복잡하게 얽혀 필요 이상으로 강한 효과를 발휘하기도 한다.

그 결과 신체적, 정신적, 행동으로 다양한 증상이 나타난다. 보통 스트레스성 질환이라 불리는 증상이다.

신체적으로는 피로감, 권태감, 위통, 위궤양, 두통, 설사, 식욕부진 등의 증상이 보인다. 동맥경화, 뇌경색, 암 등 생명과 직결된 질병의 원인이 되기도 한다.

정신적으로 나타나는 증상은 불안, 긴장, 우울, 과민 등이 있다. 그리고 만성 스트레스에 노출되면 우울증이나 심신증으로도 이어진다.

행동 증상을 살펴보면 주로 흡연이나 술, 수면제 섭취량이 늘어난다. 과식, 도박중독, 짜증, 주의 산만 같은 평상시와는 다른 행동도 나타난다.

이러한 증상은 서로 연관돼 있다. 또한 체질과 성격, 스트레스 수용 자세, 대처법에 따라 나타나는 증상도 다르다.

다시 말해 신체적으로 증상이 나타나는 사람도 있고 정신적으로나 행동으로 증상이 나타나는 사람도 있다는 것이다.

적당한 스트레스가 불러오는 긍정적 결과

스트레스를 나쁘게만 볼 필요는 없다.

과도한 스트레스는 확실히 나쁜 영향을 준다. 그렇다고 해서 스트레스가 전혀 없는 것도 바람직하지 않다.

그 예로 들만한 실험이 있다. 스트레스를 주지 않고 과보호 속에서 키운 실험용 쥐와 적당한 스트레스를 주며 키운 실험용 쥐가 있었다. 이 둘을 비교한 결과 적당한 스트레스를 받으며 큰 실험용 쥐가 몸집도 크고 환경 적응력과 생명력까지 모두 뛰어났다.

인간도 마찬가지다. 고생 없이 자란 사람은 작은 실패에도 좌절하는 경향이 있다. 그에 비해 좌절을 여러 번 경험한 사람이 실패하면 대체로 금방 털고 일어난다. 적당한 스트레스를 경험한 사람에게 스트레스 내성이 생기는 법이다.

적당한 스트레스가 목표 달성과 능력향상으로 이어지기도 한다. 스트레스를 전혀 받지 않는 상태보다 적당한 스트레스를 받는 쪽이 생산성이 높아진다는 사실도 밝혀졌다.

만약 기한 내에 처리해야 하는 일이 있을 때 시간적 스트레스를 원동력으로 삼아 실력 이상의 능력을 발휘한다면 그것은 긍정적인 스트레스다.

하지만 앞서 말한 것처럼 같은 스트레스원에 노출돼도 스트레스 반응에는 개인차가 있다. 똑같은 스트레스가 어떤 사람에게는 긍정적인 스트레스가 되지만 어떤 사람에게는 부정적인 스트레스가 될 수도 있다는 말이다.

19

좋은 일도 스트레스

보통 슬프거나 힘든 일처럼 본인에게 해가 되는 일이 스트레스의 원인이라고 생각하기 쉽다. 하지만 반드시 그런 일만 스트레스의 원인이 되는 것은 아니다.

당사자에게 좋은 일이나 기쁜 일도 때로는 스트레스가 된다.

예컨대 인생 최고의 이벤트인 결혼도 스트레스다. 자유롭게 살던 남남이 만나 함께 살아가야 하기 때문이다.

특히 결혼, 출산, 육아는 여성에게 엄청난 스트레스로 다가온다.

직장생활의 꽃인 승진과 영전으로 스트레스를 받을 수도 있다. 승진과 함께 책임감이 무거워지면서 업무량이 늘고 업무 내용도 달라지는 탓이다.

반대로 정년퇴직을 하고 매일 여유롭게 보내는 시간이 스트레스가 되기도 한다.

위 예시의 공통점은 환경과 상황이 바뀐다는 것이다. 인간은 본능적으로 생활환경이 항상 안전하고 일정하게 유지되기를 바란다. 그래서 비록 본인에게 기쁘고 유익한 일이더라도 생활환경과 상황이 바뀌면 스트레스를 받게 된다.

급성 스트레스와 만성 스트레스

스트레스는 스트레스(스트레스원) 수용 자세에 따라 급성 스트레스와 만성 스트레스로 나눌 수 있다.

급성 스트레스는 갑자기 발생한 스트레스다. 질병, 부상, 사고, 재해, 가족의 사망, 결혼, 해고, 이직, 이사 등 신체나 환경의 갑작스러운 변화로 인한 것이다. 갑자기 강한 스트레스를 받으면 심신의 균형이 깨지거나 최악의 경우 심장이 멈춰 사망에 이를 수 있다.

대형 재해나 공포를 경험하고 나면 불안과 공포가 사라지지 않는 외상 후 스트레스 장애(PTSD)에 시달리기도 한다.

한편 만성 스트레스는 일상의 작은 스트레스가 축적되면서 장기간에 걸쳐 오랫동안 지속되는 스트레스를 말한다. 구체적으로 금전이나 건강에 대한 불안, 직장이나 가정에서의 스트레스를 가리킨다.

만성 스트레스는 장기간 지속되는 정신적 스트레스라는 점에서 현대인의 대표 스트레스라 할 수 있다.

야생동물에게는 적과의 조우, 질병, 부상 같은 급성 스트레스가 대부분이다. 그래서 시간의 경과와 함께 스트레스원이 사라지면 스트레스도 해소된다. 하지만 인간 특유의 만성 스트레스는 스트레스원을 제거하는 작업이 만만치 않다.

따라서 현대 사회를 살아가는 우리에게는 만성 스트레스를 어떻게 줄일지가 가장 중요하다고 할 수 있다.

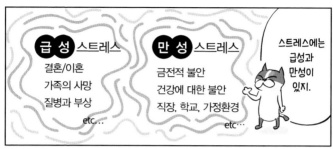

급 성 스트레스
결혼/이혼
가족의 사망
질병과 부상
etc…

만 성 스트레스
금전적 불안
건강에 대한 불안
직장, 학교, 가정환경
etc…

스트레스에는
급성과
만성이
있지.

한마디로
인간 특유의
스트레스야.
야생
동물에게
만성
스트레스는
없어!

병이 급하거나
심하지도 않으면서
쉽게 낫지도
않는 성질

만성…
지속적인
정신적
스트레스라는
거네.

인간관계 업무 금전
학교

약물로도
치료가
안 되고.

만성
스트레스의
원인은
없애는 게
어려울 것
같아.

맞아!
원인을 제거하기
어려우니까
스트레스를 줄일
방법을 찾는 게
중요해.

스트레스 연구의 역사
-스트레스 학설 발표 이전-

스트레스란 외부 자극으로부터 발생한 '왜곡'을 정상 상태로 되돌리려는 반응을 말한다. 바꿔 말하면 우리 몸을 항상 정상적인 상태로 유지하려는 작용이다.

19세기 프랑스의 생리학자 클로드 베르나르(Claude Bernard)가 처음 제창했다. 베르나르는 외부 환경이 바뀌어도 혈액과 림프 등의 신체 내부 환경 상태를 항상 일정하게 유지하려는 작용이 건강과 생명 유지에 있어 중요하다고 말했다.

이 학설을 발전시킨 사람이 미국의 생리학자 월터 브래드포드 캐넌(Walter Bradford Cannon)이다. 캐넌은 신체의 내부 환경을 항상 일정한 상태로 유지하려는 성질을 항상성(Homeostasis, 호메오스타시스)이라고 명명했다. 항상성의 예로는 혹한의 환경에서도 인간의 체온은 항상 37℃로 유지된다는 것이 있다.

또한 자율 신경계에 의한 체내 환경의 변화를 스트레스라고 불렀다. 스트레스라는 용어를 의학적으로 처음 사용한 학자는 캐넌으로 알려져 있다. 대중화된 것은 훗날 스트레스 학설을 발표한 한스 셀리에(Hans Selye)에 의해서다.

그 밖에도 캐넌은 개를 보고 놀란 고양이를 관찰하며 연구했다. 그리고 위급 상황이나 공포, 분노, 슬픔에 노출되었을 때 발생하는 심장 두근거림 등의 다양한 신체 반응을 긴급 반응이라 불렀다.

1900년대 초반에 여러 연구자가 아드레날린과 같은 호르몬을 발견했다. 연구자들은 호르몬이 항상성을 유지하는 데에 중요한 작용을 한다는 사실도 밝혀냈다.

건강과 생명을 유지하기 위해서는 외부 환경이 바뀌어도 체내 환경은 항상 일정하게 유지되도록 하는 것이 가장 중요하다.

클로드 베르나르 박사

스트레스 개념을 처음으로 제창한 학자야.

체내 환경을 항상 일정하게 유지하려는 성질을 항상성(Homeostasis) 이라고 명명하지!

월터 브래드포드 캐넌 박사

이 학설을 발전시킨 학자야.

원래 일정해야 할 체내 환경이 자율 신경계 교란으로 그 균형이 무너지는 것. 그게 바로 스트레스!

쌔애애애앵

그렇네! 눈이 펑펑 쏟아지는 밖에서도 체온은 같아.

예를 들어 추운 곳에 있어도 체온은 36~37℃로 유지돼. 이게 바로 항상성이야.

25

스트레스 연구의 역사
-스트레스 학설 발표-

스트레스 연구는 캐나다의 한스 셀리에(Hans Selye)가 발표한 스트레스 학설로 비약적 발전을 이뤘다.

한스 셀리에는 오스트리아에서 태어나 미국 대학을 거쳐 캐나다 대학에서 호르몬(내분비학)을 연구했다. 이후 캐나다에 귀화한다.

당시 셀리에는 미지의 성호르몬 연구에 몰두했다. 그는 난소나 태반 추출액을 실험용 쥐에게 주입하고 실험용 쥐의 몸에서 일어나는 변화를 관찰했다.

셀리에는 난소나 태반 추출액을 주입한 실험용 쥐의 내장에서 항상 같은 변화가 일어난다는 사실을 발견했다.

그 변화는 부신 피질 비대, 림프 조직 위축, 위와 십이지장의 출혈과 궤양이다.

셀리에는 시험 삼아 다양한 추출액과 호르몬 등 화학물질을 실험용 쥐에게 주입했다. 그러자 어떤 물질을 주입해도 같은 변화가 일어났다.

셀리에는 특정 물질이 실험용 쥐의 내장에 변화를 일으킨 것이 아니라 쥐에게 해로운 물질이라면 어떤 물질이든 같은 변화를 일으킨 것으로 판단했다.

그리고 실험용 쥐의 내장에 변화를 일으킨 상태를 스트레스라고 명명했다. 그는 이 연구 결과를 1936년에 논문으로 발표했고 이것이 훗날 스트레스 학설로 불리게 된다.

그 유명한 스트레스 학설이라는 논문을 발표했지.

스트레스 연구를 비약적으로 발전시킨 학자가 바로 이 사람이야.

한스 셀리에 박사

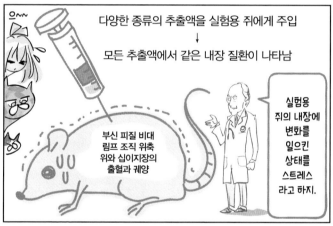

으~~

다양한 종류의 추출액을 실험용 쥐에게 주입
↓
모든 추출액에서 같은 내장 질환이 나타남

부신 피질 비대 림프 조직 위축 위와 십이지장의 출혈과 궤양

실험용 쥐의 내장에 변화를 일으킨 상태를 스트레스 라고 하지.

80년이나 됐구나!

1936년
스트레스
학설

스트레스 학설의 탄생!

짝 짝

27

스트레스 연구의 역사
-정신적 스트레스 연구의 발전-

셀리에가 발표한 스트레스 학설은 주로 신체적 스트레스와 관련된 내용이었다. 하지만 이를 계기로 정신적 스트레스 연구도 발전하게 된다.

앞서 항상성을 규명한 캐넌이 공포, 불안, 슬픔 같은 정신적 자극이 신체에 변화를 일으킨다고 말했다. 그 이후 사회생활이나 일상생활에서 일어나는 사건, 즉 정신적 스트레스가 신체적 증상이나 질병과 어떤 관계가 있는지 연구되기 시작했다.

미국의 사회심리학자 토머스 H 홈즈(Thomas H. Holmes)를 중심으로 한 연구팀은 일상생활에서 겪는 사건의 스트레스 정도를 연구했다.

홈즈 연구팀은 미국인을 대상으로 1950년부터 1960년에 걸쳐 조사를 실시했다. 그 조사를 바탕으로 1967년에 일상생활에서 일어난 사건과 스트레스의 관계를 논문으로 발표했다.

생활 변화 지표 척도는 스트레스 정도를 측정하는 방법이다. 일상생활에서 발생하는 43개의 생활 사건(life events)을 선택해서 배우자의 사망을 100점으로 정한다. 그런 다음 이를 기준으로 상대적인 스트레스 정도를 점수로 매겼다. 이를 사회 재적응 평가 척도라고 한다.

우리 몸에서 항상성이 작동하는 것과 마찬가지로 정신도 생활 습관을 항상 일정한 상태로 유지하려고 한다. 일반적으로 인간은 생활 환경을 바꾸고 싶어 하지 않는다.

그런데 갑자기 배우자의 사망, 이혼, 전직 등 지금까지의 생활 습관을 바꿔야 하는 사건이 발생하면 새로운 상황에 재적응하기 위해 막대한 에너지를 쏟아야 한다. 그것이 스트레스가 된다.

셀리에의 신체적 스트레스 학설이 계기가 돼서 정신적 스트레스 연구가 발전했어.

신체적 스트레스는 실험용 쥐 실험을 통해 밝혀졌지. 그렇다면 정신적 스트레스는?

생활 변화 지표 척도

배우자의 사망=스트레스 지수 100으로 정하고 이를 기준으로 산출한 각종 스트레스 지수

생활 변화 지표 척도라고 불리는 측정 방법으로 일상생활과 스트레스의 관계를 조사했어.

어떤 결과가 나올까?

다음 페이지에 생활 변화 지표 척도 목록이 나오니까 체크해 보자.

생활 습관의 변화에 재적응하기 위한 스트레스 정도를 수치로 나타낸 것이 사회 재적응 평가 척도다.

점수가 높을수록 새로운 상황에 대처하기 위해 많은 에너지가 소모된다. 또한 시간도 많이 소요되면서 스트레스 강도 역시 높아진다.

배우자의 사망이 최고 점수인 100점, 2위가 이혼(73점), 3위가 별거(65점)다.

사건은 대부분 중복해서 일어난다. 홈즈 연구팀은 사건의 점수 합계가 클수록 건강 상태가 안 좋아지거나 질병에 걸릴 확률이 높다는 사실을 밝혀냈다.

1년간 합계가 300점 이상인 사람의 79%, 200점에서 299점인 사람의 51%, 150점에서 199점인 사람의 37%가 다음 해 건강 상태가 안 좋아졌다.

단, 앞서 말한 것처럼 같은 스트레스원에 노출돼도 스트레스 반응 정도는 사람마다 다르다. 스트레스 반응에는 개인차가 있기 때문이다.

그 밖에도 나라마다 문화와 생활 습관이 다르면 스트레스 수용 자세도 달라진다.

그러한 측면에서 홈즈 연구팀의 사회 재적응 평가 척도는 개인차를 고려하지 않았다는 결함이 있다.

홈즈 연구팀이 작성한 척도는 지금도 스트레스 평가 기준으로 활용된다. 하지만 이것은 1950년대부터 1960년대까지의 미국인들로부터 산출한 평균적 스트레스 척도에 지나지 않는다는 점을 알아둬야 한다.

사회 재적응 평가 척도

	생활 사건	점수		생활 사건	점수
1	배우자 사망	100	23	자녀의 독립, 분가	29
2	이혼	73	24	친인척과의 갈등	29
3	별거	65	25	뛰어난 실적을 쌓음	28
4	교도소 수감	63	26	배우자의 취업, 퇴직	26
5	친인척 사망	63	27	입학, 졸업	26
6	본인의 질병과 상해	53	28	생활 상황 변화	25
7	결혼	50	29	생활 습관 변화	24
8	실직	47	30	상사와의 갈등	23
9	부부간 화해	45	31	근무 상황 변화	20
10	퇴직	45	32	주거 환경 변화	20
11	가족의 건강 문제	44	33	전학	20
12	임신	40	34	취미 활동 변화	19
13	성생활 문제	39	35	종교 활동 변화	19
14	새로운 가족 구성원이 생김	39	36	사회 활동 변화	18
15	직장 상황 변화, 합병 등	39	37	소액 부채	17
16	경제 상황 변화	38	38	수면 습관 변화	16
17	친구 사망	37	39	가족 모임 횟수 변화	15
18	업종 변경, 전직	36	40	식습관 변화	15
19	부부간 언쟁 횟수 변화	35	41	여가	13
20	고액 부채	31	42	크리스마스	12
21	대출 압류	30	43	경범죄	11
22	업무상 책임 변화	29			

합계   점

크리스마스 대표 영화
'나 홀로 집에'?

혼자 보내야 한다면
스트레스일 수도…

인간에겐
크리스마스도
스트레스란 말인가?

◆ 리처드 라자루스(R. S. Lazarus)의 일상 스트레스 척도

홈즈 연구팀의 사회 재적응 평가 척도와는 별개로 미국의 심리학자 리처드 라자루스(R. S. Lazarus)는 일상 스트레스 척도를 제창했다.

홈즈 연구팀은 비교적 커다란 스트레스원인 생활 사건에 중점을 두었다. 그에 비해 라자루스는 매일 경험하는 작고 만성적인 골칫거리의 축적을 스트레스원으로 간주했다.

바로 이웃집 소음이나 직장 내 인간관계, 경제력과 건강 관련 불안 등이다.

그리고 라자루스는 스트레스원에 대한 개인차를 인지적 평가를 이용해 고려했다. 자신이 무엇에 얼마만큼 스트레스를 받는지 평가하도록 한 것이다.

인간이 받는 대부분의 스트레스는 매일 같이 반복되는 작은 스트레스원이 누적돼서 나타난다. 스트레스원을 어떤 식으로 받아들이느냐, 즉 인지적 평가에 따라 스트레스 반응이 결정된다.

처음 스트레스에 어떻게 대처하느냐에 따라 그 뒤에 나타나는 스트레스 반응이 달라지는 것이다.

예컨대 같은 업무 할당량이 부과되었을 때 압박감을 느껴 외면하는 경우가 있다. 반대로 할당량을 기회로 삼아 적극적으로 행동하는 경우도 있다. 이 두 경우는 스트레스 반응이 다르다.

이러한 행동을 스트레스 대처 행동이라고 한다. 같은 스트레스를 받아도 대처 방법에 따라 스트레스에 대한 인지적 평가가 달라진다. 그에 따라 스트레스 정도도 커지거나 줄어든다.

종종 주변 사람들이 상담해 주거나 도와줄 때도 있다. 그 상황과 지원을 어떻게 느꼈느냐에 따라서도 스트레스 수용 자세가 달라진다. 이러한 주변 사람들의 지원을 사회적 지원이라고 한다.

라자루스의 이론을 간단히 정리하자면 스트레스 정도는 스트레스원을 어떻게 인지 평가하고 어떤 대처 행동을 취하느냐에 따라 달라진다는 것이다.

이런 점에서 라자루스의 스트레스 인지적 평가 이론이 일반적 기준이라 할 수 있다.

◆**카라섹의 직무 스트레스 모델**

직무 스트레스 모델로 유명한 이론이 스웨덴의 심리학자 로버트 카라섹(Robert Karasek)이 제창한 직무 요구-통제 모형(Job Demand-Control model)이다.

직장 내 스트레스는 업무량, 시간, 난이도 등의 업무 요구도와 업무 자유도, 주변의 지원 정도에 따라 달라진다.

가령 납기가 코앞이고 난이도는 높은 업무가 산더미처럼 쌓여 있다.

업무 요구도가 높음에도 불구하고 업무 자유도가 낮고, 상사나 동료로부터의 지원이 적다. 이런 상황일수록 스트레스는 커진다.

제2장

스트레스 반응의 메커니즘

인간에게는 신체 상태를 항상 일정하게 유지하려는 성질이 있습니다. 이러한 성질을 항상성이라고 합니다. 스트레스 반응은 이 항상성과 깊이 연관돼 있습니다. 이번 장에서는 항상성의 메커니즘, 스트레스 반응의 특징, 스트레스를 지속해서 받으면 어떤 결과가 초래되는지 살펴보도록 하겠습니다.

항상 일정한 상태로 유지되는 신체

인간에게는 신체 상태를 항상 일정하게 유지하려는 성질이 있다. 이를테면 인간의 체온은 주위 기온이 크게 변해도 약 37℃를 유지한다.

또 심장 박동이나 혈압, 혈당치도 자동으로 조절된다. 운동을 하면 의식하지 않아도 자동으로 심장 박동이 빨라지고 필요한 혈액을 내보낸다.

이처럼 신체 상태를 조절하거나 항상 일정하게 유지하려는 성질을 항상성(Homeostasis)이라고 한다.

앞서 언급한 바와 같이 스트레스는 외부 자극으로부터 체내에 발생한 '왜곡'을 정상 상태로 되돌리려는 신체의 방어반응이다.

하지만 강하고 지속적인 스트레스원에 노출되면 체내에 발생한 '왜곡'을 정상 상태로 되돌리지 못해 신체, 정신, 행동에 다양한 영향을 끼치게 된다.

스트레스 반응은 외부 자극인 스트레스원에 대항해 항상성을 유지하려 할 때 생긴다. 항상성을 유지할 수 없게 되면 피로감, 권태감, 위통, 위궤양, 불안, 우울 같은 스트레스 증상이 나타난다.

스트레스 상태가 되는 이유를 이해하기 위해서는 우리 몸이 어떻게 항상 일정한 상태를 유지하는지, 항상성의 메커니즘을 알아야 한다.

p17에서 배웠던 거네.

원래대로 되돌리려는 성질이 항상성!

외부에서 받은 스트레스로 발생한 '왜곡'을

피로감
권태감
위통 위궤양
불안
우울

그렇게 되면 스트레스 증상이 나타나.

원상 복귀가 안 되면 항상성은 유지되지 못한다고 해.

납자악~

이번 장에서 완벽하게 마스터 하자고!

물론 이지!

항상성의 메커니즘을 알면 스트레스 정체도 알 수 있겠네?

반짝

항상성(Homeostasis) 유지 메커니즘

항상성은 대뇌 아래 중심부에 위치한 시상 하부가 제어하는 자율 신경계(교감 신경과 부교감 신경)와 내분비계(호르몬 분비) 및 면역계에 의해 유지된다.

신경계는 한마디로 신경의 네트워크다. 뇌와 뇌 아래로 이어지는 척수까지를 중추 신경계라고 하고, 중추 신경계에서 뻗어 내려와 우리 몸 구석까지 퍼져 있는 것이 말초 신경계다. 말초 신경계에는 체성 신경계와 자율 신경계가 있다.

체성 신경계는 감각 신경계와 운동 신경계로 구성돼 있다. 감각 신경계는 신체가 받은 정보를 뇌까지 전달하고 운동 신경계는 신체를 움직이기 위한 뇌의 동작 지령을 전달한다.

자율 신경계는 심장 박동이나 체온 등 체내 환경을 자동으로 제어하는 신경계다. 교감 신경과 부교감 신경으로 구성돼 있다.

내분비계는 호르몬을 분비하는 기관을 말한다. 일반적으로 신경계는 순간적으로 작동하지만, 내분비계는 호르몬을 혈류로 운반하기 때문에 작동할 때까지 약간 시간이 걸린다는 특징이 있다. 반면 내분비계는 장시간 작용을 지속한다.

가령 놀랐을 때 바로 심장이 두근거리는 것은 자율 신경계의 작용이지만 놀란 뒤에도 잠시 심장이 두근거리는 것은 내분비계의 작용이다.

면역계는 세균과 바이러스, 꽃가루나 화학물질 등 외부 이물질을 제거하고 이들로부터 우리 몸을 지키는 일을 한다.

이처럼 신체 환경은 자율 신경계, 내분비계, 면역계가 유기적으로 작용하며 정상 상태를 유지한다.

따라서 스트레스로 어느 한 곳에 이상이 생기면 우리 몸에도 문제가 발생한다.

통~ 통~

신체 환경은
자율 신경계 · 내분비계
· 면역계 모두가
제대로 굴러가야
정상적으로
유지되는 법.

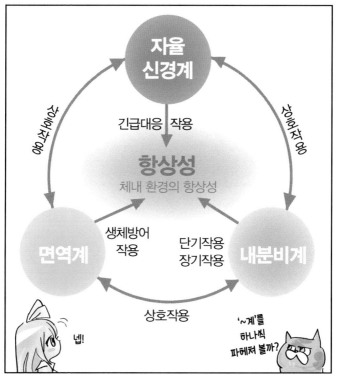

자율
신경계

상호작용

긴급대응 작용

상호작용

항상성
체내 환경의 항상성

생체방어
작용

단기작용
장기작용

면역계

내분비계

상호작용

넵!

'~계'를
하나씩
파헤쳐 볼까?

자율 신경계의 기능

자율 신경계는 심장 박동이나 체온, 혈압 등 체내 환경을 자동으로 제어한다. 더불어 희로애락 같은 마음의 작용과도 밀접하게 연관돼 있다.

공포를 느끼거나 수치스러운 경험을 하면 심장이 두근거리고 식은땀이 나는 것은 자율 신경이 작동하기 때문이다.

자율 신경계는 교감 신경과 부교감 신경으로 구성돼 있다. 이 두 신경은 한쪽 활동이 활발해지면 다른 쪽 활동이 억제된다. 다시 말해 두 신경계가 대항 작용하며 신체 환경의 균형을 유지한다.

이를테면 교감 신경은 심장 박동을 촉진하며 혈압을 올리고, 부교감 신경은 심장 박동을 억제하며 혈압을 낮추는 일을 한다.

일반적으로 교감 신경은 돌발적 위급 상황이 발생했을 때 우리 몸이 대처하도록 작동한다. 또한 부교감 신경은 우리 몸을 쉬게 해 체력 회복을 돕는다. 이런 식으로 항상 신체 균형을 유지한다.

하지만 강하고 지속적인 스트레스에 노출되면 두 신경계의 균형이 무너진다. 그러면 가슴 두근거림, 두통, 현기증, 설사, 권태감 등 신체에 다양한 증상이 나타난다. 이것이 자율 신경 실조증이다.

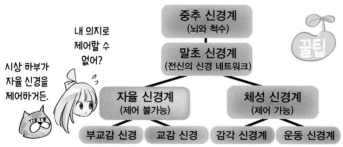

체온 조절 메커니즘

체온 조절 메커니즘을 예로 들어 자율 신경계가 하는 일을 알아보자.

체온 저하를 시상 하부가 감지하면 그 정보가 교감 신경에 전달된다. 그리고 교감 신경 말단에서 신경 전달 물질인 노르아드레날린이 분비된다.

피부 표면 가까이에 있는 혈관이 수축하며 혈류 속도를 저하해 가능한 한 체온이 빼앗기지 않도록 한다. 그리고 털을 곤두세워 방열을 막는다. 이게 소름이다.

시상 하부에서 운동 신경계로 정보가 전달되고 근육을 떨게 해 체온을 상승시킨다. 또 에너지원인 포도당 생성을 촉진한다.

반대로 체온 상승을 시상 하부가 감지하면 정보를 부교감 신경에 전달한다.

부교감 신경 말단에서는 신경 전달 물질인 아세틸콜린이 분비된다. 그러면 피부 표면 가까이에 있는 혈관이 확장하며 쉽게 방열할 수 있게 된다. 더불어 땀을 내면서 체온을 떨어뜨린다.

앞서 말한 바와 같이 교감 신경은 주로 체온을 올리는 일을 한다. 하지만 땀을 내며 체온을 낮추는 발한은 교감 신경만 제어할 수 있다. 교감 신경에서 아세틸콜린이 분비돼 땀샘에 정보를 전달하고 발한을 유발해 체온을 낮추는 것이다.

자율 신경계가 담당하는 체온 조절 메커니즘

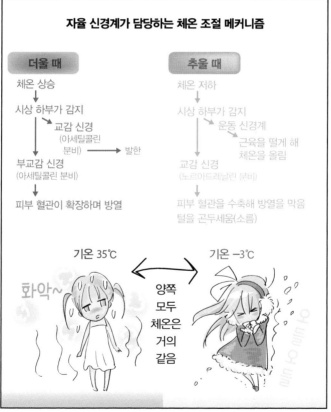

위급 상황에 작동하는 교감 신경

교감 신경은 주로 위급 상황에 맞닥뜨리면 작동한다. 예를 들면 야생동물이 적을 만나 싸울지 도망갈지 결정해야 할 때다. 급박한 상황에서 살아남기 위해 신체를 전투태세로 정비한다.

위급 상황이 발생하면 교감 신경에서 노르아드레날린이 분비되고 말단 기관으로 정보가 전달된다. 그 결과 다음과 같은 작용이 일어난다.

주위 상황과 상대의 움직임을 감지하기 위해 동공이 확장된다.

운동능력을 끌어올리기 위한 다량의 산소를 들이마실 수 있도록 기도가 이완되고 호흡도 빨라진다.

심장 박동을 촉진해 전신 근육과 뇌로 대량의 혈액을 보낸다. 이 작용은 재빠르게 움직이고 적확한 판단을 내리는 것을 돕는다. 한편 체온 상승을 억제하기 위해 발한이 촉진된다.

간에서 글리코겐을 방출하고 분해함으로써 에너지원인 포도당 생성량이 증가한다.

반대로 피부 등 불필요한 곳으로 가는 혈류를 억제하기 위해 혈관을 수축한다. 피부 혈관이 수축하기 때문에 상처를 입어도 출혈을 억제할 수 있다.

위급 상황에는 불필요한 위장의 소화 활동도 억제된다. 동시에 콩팥 바로 위에 있는 부신 수질에서 노르아드레날린과 아드레날린을 혈액으로 방출하며 몸 전체에서 위와 같은 효과가 늘어난다. 이처럼 교감 신경은 위급 상황에 즉각 대응하기 위해 필요한 신체기능을 높이고 반대로 불필요한 기능을 억제하는 일을 한다.

하-악

교감 신경이 작동해서 그래.

엄청 흥분 했어.

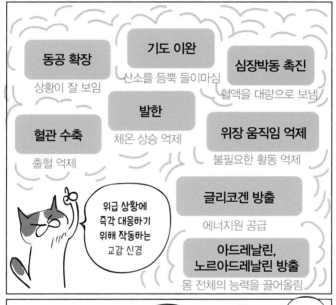

동공 확장

상황이 잘 보임

기도 이완

산소를 듬뿍 들이마심

심장박동 촉진

혈액을 대량으로 보냄

발한

체온 상승 억제

혈관 수축

출혈 억제

위장 움직임 억제

불필요한 활동 억제

글리코겐 방출

에너지원 공급

아드레날린, 노르아드레날린 방출

몸 전체의 능력을 끌어올림

위급 상황에 즉각 대응하기 위해 작동하는 교감 신경

하악-

넋 놓고 있다간 큰일 나는 거야.

순식간에 몸을 싸울 수 있는 상태로 만들어 보호하는 거지.

이렇게나 많은 일을 순식간에?

휴식을 돕는 부교감 신경

교감 신경은 위급 상황에 대응하는 일을 한다. 한편 부교감 신경은 우리 몸의 휴식과 회복을 돕는 일을 한다. 부교감 신경은 각각의 기관에 교감 신경과는 반대되는 일을 하는 셈이다.

긴장이 풀렸을 때나 적당한 온도의 욕조에 들어갔을 때 약간 나른하고 졸린 감각은 부교감 신경이 먼저 작동하기 때문이다.

부교감 신경은 말단에서 신경 전달 물질인 아세틸콜린을 분비하고 정보를 전달한다. 그 결과 신체에 다음과 같은 작용이 일어난다. 호흡이 느려지고, 심장 박동이 억제되고, 혈압도 떨어진다. 외부로부터 들어오는 빛이 줄어들도록 동공이 축소된다. 음식물 소화를 돕기 위해 타액이 분비되고 위와 장의 소화 운동이 활발해진다.

간에서는 포도당이 되는 글리코겐이 합성되며 에너지를 저장한다.

이처럼 부교감 신경은 우리 몸을 쉬게 해 체력을 회복시키는 일을 하며 위급 상황이 발생했을 때 즉각 대응할 수 있게 한다. 교감 신경이 활동적인 '낮 신경'이라면 부교감 신경은 휴식을 위한 '밤 신경'이라 할 수 있다. 편안하고 쾌적한 수면을 위해서는 잠들 때까지 교감 신경의 활동을 억제하고 부교감 신경을 활성화해야 한다. 몸을 이완하는 시간을 통해 부교감 신경의 활동을 촉진하면 편안하게 잠들 수 있다.

	교감 신경	부교감 신경
눈	동공 확장	동공 축소
입	타액 억제	타액 촉진
눈물샘	눈물 분비 감소	눈물 분비 증가
심장	심박수 촉진	심박수 억제
혈압	상승	하강
호흡기	기도 확장	기도 수축
위	소화 억제	소화 촉진
간	글리코겐 분해	글리코겐 합성
장	소화 억제	소화 촉진
피부	소름 돋음	작용 안함
말초혈관	수축	이완
땀샘	발한 촉진	작용 안함
방광	이완(소변 저장)	수축(소변 배출)
음경	사정 촉진	발기 촉진
뇌, 신경	흥분	진정, 졸림
부신 수질	아드레날린, 노르아드레날린 분비	작용 안함

내분비계의 기능

내분비계는 호르몬에 의해 체내 환경을 유지하고 생명 유지 활동을 원활하게 처리하는 일을 한다.

호르몬은 체내에서 만들어져 혈액에 의해 운반되며 표적 기관에 정보를 전달하거나 작용하는 화학물질이다.

호르몬은 필요할 때, 필요한 만큼, 필요한 조직에서 일을 한다. 또한 호르몬은 극소량으로 작용한다. 평생 분비되는 여성 호르몬은 티스푼 하나 정도다.

일반적으로 호르몬을 만드는 세포를 내분비 세포라고 하며, 내분비 세포의 결합체를 내분비 기관(내분비샘)이라고 한다. 주요 내분비 기관에는 시상 하부, 뇌하수체, 췌장, 부신, 갑상샘, 정소, 난소 등이 있다.

호르몬은 체내 환경 유지뿐 아니라 신체 성장, 성별 결정, 생식, 임신, 출산과 관련된 일을 한다. 면역과 뇌 활동도 제어한다.

호르몬이 체내 환경을 유지하는 예로 혈당치 유지가 있다. 혈당치가 상승하면 췌장에서 인슐린이라는 호르몬이 분비돼 혈당치를 낮춘다. 반대로 혈당치가 지나치게 떨어지면 췌장에서 글루카곤이라는 호르몬이 분비돼 혈당치를 높인다. 그 밖에도 호르몬은 체온, 혈압, 혈중 염분, 수분량 등을 조절하는 일을 한다.

호르몬

아! 알아. 뇌에서 만들어지는 물질이지?

호르몬!

줄줄 흘러내리지 않는데.

내분비계~

내분비계는 뭘 분비해?

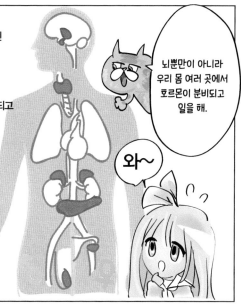

〈호르몬의 특징〉
· 체내에서 만들어진 화학물질이다.
· 특정 기관에서 만들어진다.
· 혈액 속으로 분비되고 혈액에 의해 운반된다.
· 주로 떨어진 기관에 작용한다.
· 표적 기관이 정해져 있다.
· 극소량으로 작용한다.

뇌뿐만이 아니라 우리 몸 여러 곳에서 호르몬이 분비되고 일을 해.

와~

염분

체온

혈압

수분량

호르몬은 우리 몸의 국무총리 랄까?

여러 가지를 조절하는구나!

49

면역계의 기능

면역계는 세균과 바이러스, 꽃가루, 화학물질 등 외부에서 침입한 이물질을 제거하는 일을 한다. 자세히 설명하자면 원래 본인 몸의 일부인 '자기'와 그렇지 않은 '비자기'를 구별하고 세균 같은 '비자기'를 제거하는 일을 한다.

면역계는 크게 선천적인 자연 면역계와 후천적인 획득 면역계로 나눌 수 있다. 자연 면역계는 항상 신체를 외부 적으로부터 지키는 방어부대를 말하며 대표적으로 백혈구의 일종인 마이크로퍼지나 림프구 등이 있다. 침입한 세균을 죽이거나 먹어 치운다.

자연 면역계만으로는 처리할 수 없으므로 추가로 필요한 획득 면역계는 특수부대다. 획득 면역계도 크게 세포성 면역과 체액성 면역으로 나눌 수 있다.

세포성 면역은 마이크로퍼지나 T세포 등이 외부 침입자를 제거하는 일을 말한다. 바이러스 같은 외부 침입자가 발생하면 마이크로퍼지가 감지해서 정보를 림프구의 일종인 헬퍼 티 세포(helper T cells)에 전달한다. 헬퍼 티 세포는 동료 킬러 티 세포(killer T cells)를 증식하고 활성화시켜 외부 적을 공격해 제거한다.

체내에서 발생한 암세포도 세포성 면역이 작동해 킬러 티 세포와 마찬가지로 림프구의 일종인 자연 살해 세포(NK세포)에 의해 제거된다.

체액성 면역은 항체를 만들어 외부 적을 제거하는 일을 한다.

구체적으로 주로 세균 등 외부 적, 즉 항원이 침입하면 마이크로퍼지가 감지하고 정보를 림프구의 일종인 B세포에 전달한다. 그러면 B세포는 항원에 대한 항체를 생산한다. 항체는 항원과 결합해 항원이 활동하지 못하게 한다. 거기에 킬러 티 세포가 모여들어 제거한다. 이를 항원 항체 반응이라고 한다.

　T세포는 한번 만들어진 항체를 기억한다. 면역력이 있는 상태가 된다는 말이다. 그 결과 동일 항원이 침입했을 때 즉각 항원 항체 반응을 일으켜 항원을 제거할 수 있다.

　하지만 이러한 면역계가 하는 일도 스트레스로 인해 기능이 저하된다는 사실이 밝혀졌다.

스트레스 반응의 특징

셀리에는 스트레스 학설에서 일반적 스트레스 반응의 특징을 처음 발표했다.

실험용 쥐에게 불순물을 포함한 난소나 태반 추출액, 포르말린 같은 화학물질을 주입하면 내장에서 항상 같은 변화가 일어난다는 사실을 발견한 것이다.

구체적으로 부신 피질 비대, 림프 조직 위축, 위와 십이지장의 출혈과 궤양 같은 증상이 있다.

부신 피질은 콩팥 바로 위에 있는 부신의 표피 부분을 말한다. 스트레스를 받으면 여기에서 대표 스트레스 호르몬 코르티솔(당질코르티코이드)이 분비된다.

코르티솔은 혈압과 혈당치를 올려 면역과 관련된 림프 조직을 축소해 면역기능을 억제하는 작용을 한다. 스트레스를 받으면 위가 아프거나 설사를 하는 것은 위와 십이지장의 출혈과 궤양 때문이다.

실험용 쥐에게 상처를 입히고 강제적으로 구속하거나 저온 및 고온 환경에 방치하는 등 자극을 주었을 때도 내장에 같은 변화가 일어난다는 사실을 발견했다.

즉, 유해 물질이 체내에 들어가거나 열이나 상처 같은 외부로부터 강한 자극을 받으면 몸이 항상 일정한 반응을 보인다는 것이다.

스트레스 반응처럼 원인은 다른데 같은 증상이 나타나는 것을 비특이적이라고 한다.

한편 감기에 걸리면 콧물이나 기침이 나고, 콜레라에 걸리면 설사하고, 모기에게 물리면 가렵듯이 어떤 원인이 대해 특정 증상이 나타나는 것을

특이적이라고 한다.

스트레스 학설이 발표되기 전까지 질병이나 신체의 이상은 주로 세균감염이 원인으로 항상 정해진 증상이 나타나는 특이적인 것이라고 여겨졌다. 콜레라라면 설사를 하는 것처럼 원인과 증상이 일대일로 대응된다고 간주했다.

하지만 셀리에는 원인은 다양하고 다르지만, 비특이적 증상이 나타날 수 있다고 말했다.

그리고 셀리에는 스트레스를 받을 때 나타나는 신체 반응을 범적응증후군이라고 명명했다. 전신적응증후군 또는 일반적응증후군이라고 부르기도 하며 신체가 다양하고도 서로 다른 자극에 적응하기 위해 항상 동일한 여러 가지 증상이 전신에 상호적으로 나타난다는 것이다.

스트레스는 비특이적
원인은 다른 데 항상 같은 증상이 나타남
↓
부신 피질 비대
림프 조직 위축
위와 십이지장의 출혈과 궤양

범적응증후군 (전신적응증후군, 일반적응증후군)
우리 몸이 다양하고 다른 자극에 적응하기 위해
항상 동일한 여러 가지 증상이 전신에
상호적으로 나타난다.

스트레스 학설에서 제시한 스트레스 반응의 특징이군.

좋아, 좀 어렵지만 제대로 공부해 볼게!

스트레스 반응의 3단계

셀리에는 스트레스 반응인 범적응증후군을 3단계로 나눴다.

첫 번째 단계는 경고 반응기, 두 번째 단계는 저항기, 세 번째 단계는 소진기(피로기)다.

◆경고 반응기

첫 번째 단계인 경고 반응기는 외부 자극에 대해 신체가 권태감이나 위통 같은 자각증상을 느끼는 글자 그대로 경고하며 비상벨을 울리는 단계다.

신체에 경고 반응을 보내 신체가 정상으로 돌아갈 때까지 휴식을 취하도록 권한다.

셀리에가 보고한 스트레스 반응의 세 가지 특징인 부신 피질 비대, 림프 조직 위축, 위와 십이지장의 출혈과 궤양이 나타나는 단계이며 급성 스트레스 반응이라고 부른다.

그리고 경고 반응기를 쇼크시기와 항쇼크시기로 세분화할 수 있다.

쇼크시기는 유해 물질이 체내에 들어오거나 자극받았을 때 일어나는 신체의 급성 반응으로 외부 자극으로 신체가 충격을 받은 상태를 말한다.

쇼크로 자율 신경계 균형이 무너져 체온과 혈압, 혈당치의 일시적 저하, 근육 이완, 위와 십이지장의 출혈과 궤양 같은 증상이 나타난다. 충격적이고 갑작스러운 자극으로 사망에 이르기도 한다.

항쇼크시기는 외부 자극에 대해 신체가 저항하는 단계다. 체온과 혈압, 혈당치가 상승하는 등 쇼크시기와는 상반된 반응이 일어나고 스트레스 반응을 일으킨 스트레스원뿐 아니라 다른 스트레스원에 대한 저항력까지 높아진다.

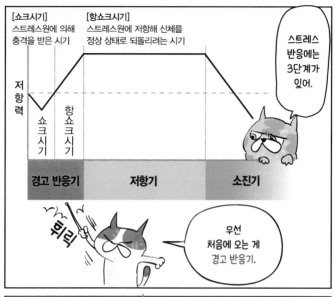

◆저항기

경고 반응기가 지나도 장기간 만성 스트레스원에 노출되면 두 번째 단계인 저항기로 넘어간다.

저항기는 스트레스원에 대해 어느 정도 저항력을 유지하는 단계다.

단, 이 단계에 나타난 스트레스원에 대한 저항력은 증가하지만 다른 스트레스원에 대한 저항력은 약해진다.

◆소진기(피로기)

저항기가 지나도 스트레스원에 계속 노출되면 소진기(피로기)로 넘어간다.

우리 몸이 스트레스원에 장기간 저항하다 탈진한 나머지 더 이상 저항할 수 없게 되는 단계다. 저항하기 위한 에너지를 소진해버린 것이다.

그 결과 우리 몸은 최초의 쇼크시기와 같은 증상으로 돌아간다.

체온과 혈압, 혈당치의 저하, 위와 십이지장의 출혈과 궤양, 부신 피질 비대와 면역기능 저하 등이다. 그리고 최악의 경우 사망하게 된다.

스트레스 반응 경로

월터 브래드포드 캐넌(Walter Bradford Cannon)과 한스 셀리에(Hans Selye)의 연구로 스트레스 반응에는 두 가지 경로가 있다는 사실이 밝혀졌다.

자율 신경계 경로와 내분비계 경로다. 앞서 말한 바와 같이 두 경로는 우리 몸의 상태를 항상 일정하게 유지하는 항상성(homeostasis) 기능을 수행한다.

자율 신경계는 심장 박동, 혈압, 체온 등을 자동으로 조절한다. 내분비계는 호르몬을 분비함으로써 체내 환경을 일정하게 유지한다. 그런데 스트레스로 인해 항상성이 깨지면 다양한 스트레스 증상이 나타난다.

우리 몸이 스트레스를 받으면 자극은 뇌 중심 부근에 있는 시상 하부로 전달된다. 시상 하부는 체내 환경을 제어하는 중추 기관이다.

스트레스로 자극받은 시상 하부는 자율 신경계의 교감 신경과 호르몬을 분비하는 하수체(뇌하수체)에 지시를 내려 우리 몸이 스트레스에 적응하도록 한다.

단발성 스트레스의 경우 주로 자율 신경계의 교감 신경에서 노르아드레날린이 분비됨과 동시에 내분비계의 부신 수질에서 아드레날린과 노르아드레날린이 분비되면서 위급 상황에 대응한다.

또 하수체에서는 부신 피질 자극 호르몬이 분비되며 그에 따라 부신 피질에서 강한 스트레스 호르몬인 코르티솔(당질코르티코이드)이 분비된다. 코르티솔은 혈당치를 높여 염증과 면역기능을 제어하는 일을 한다.

하지만 스트레스를 계속 받으면 자율 신경계와 내분비계 간의 균형이 깨져 심신에 다양한 해를 끼치게 된다.

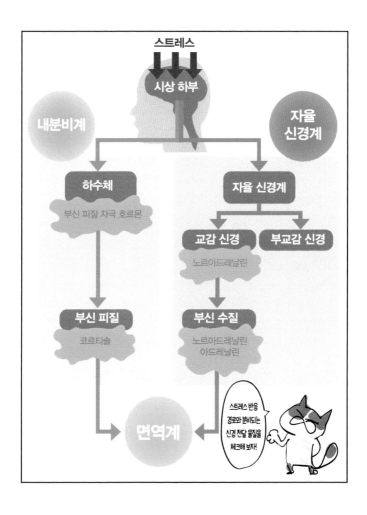

스트레스로 인한 내분비계의 작동

이번에는 스트레스 반응 경로 가운데 내분비계에 대해 자세히 살펴보자.

스트레스는 신체적 스트레스와 정신적 스트레스로 나눌 수 있다. 신체적 스트레스의 대표는 고통이다. 정신적 스트레스의 대표는 공포, 불안, 슬픔 등의 정동(情動, affect)이다.

스트레스를 받으면 정보는 뇌 중심 부분에 있는 시상 하부로 전달된다. 시상 하부는 내분비계, 자율 신경계, 면역계를 제어하는 중추 기관이다.

고통 같은 신체적 스트레스는 직접 시상 하부로 전달되지만 정동 같은 정신적 스트레스는 대뇌에서 뇌 중심 부근 양쪽에 있는 편도체로 전달된다. 이어서 편도체에서 시상 하부로 전달되는 게 일반적이다.

편도체는 뇌 속에서 좋고 싫음, 공포 같은 정동을 만들어 내는 부위다. 그래서 편도체를 제거하면 공포를 느끼지 못하게 된다. 편도는 형태가 아몬드와 닮아 붙여진 이름이다.

스트레스 자극이 시상 하부에 전달되면 시상 하부에서 부신 피질 자극 호르몬 방출 호르몬이 분비된다. 코르티코트로핀 방출 호르몬(CRH) 또는 부신 피질 자극 호르몬 방출 인자(CRF)라고도 불리는 호르몬이다.

부신 피질 자극 호르몬 방출 호르몬은 이름 그대로 부신 피질 자극 호르몬을 시상 하부 아래에 있는 하수체(뇌하수체)에서 방출시키는 일을 하는 호르몬이다.

하수체는 시상 하부 아래에 매달려 있는 1 cm 정도의 작은 기관이다.

스트레스 자극을 받은 시상 하부에서 부신 피질 자극 호르몬 방출 호르몬이 분비되면 시상 하부 아래 있는 하수체(뇌하수체)에서 부신 피질 자극 호르몬(코르티코트로핀 또는 ACTH)이 분비된다.

　　분비된 부신 피질 자극 호르몬이 혈류에 의해 콩팥 위에 있는 부신에 도달하면 부신의 표피 부분인 부신 피질에서 대표 스트레스 호르몬 코르티솔(당질코르티코이드 또는 글루코코르티코이드)이 분비된다.

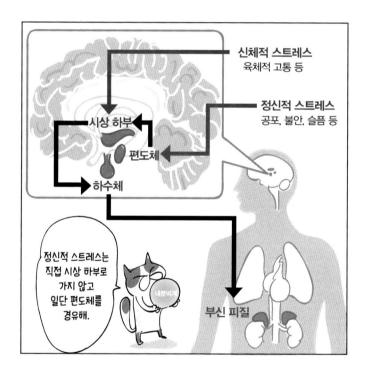

코르티솔에 의한 영향

코르티솔은 스트레스 호르몬이라고 불린다.

원래 포도당 생성을 촉진해 혈당치를 올려 염증이나 알레르기를 억제하는 등 스트레스를 개선하고 생명 유지에 중요한 역할을 담당하는 호르몬이다.

부신 피질 호르몬제나 스테로이드제는 코르티솔 작용을 이용한 의약품이다.

코르티솔 같은 호르몬류는 일반적으로 방출량이 일정하게 유지되도록 제어된다. 하지만 과도하고 계속된 스트레스로 방출량을 정상적으로 제어할 수 없게 되면 부신 피질에서 대량의 코르티솔이 분비된다.

그 결과 셀리에가 특징적 스트레스 반응이라 지적했듯이 코르티솔을 대량으로 생산해야 하는 부신 피질이 비대해진다.

그리고 코르티솔은 면역계에서 핵심 역할을 담당하는 가슴샘 등 림프 조직을 위축시키는 작용을 한다. 가슴샘은 가슴뼈 뒤에 위치한 림프구의 분화나 증식을 관장하는 조직이다. 가슴샘의 림프 조직이 위축되면 림프구가 감소해 신체의 면역기능이 저하되면서 질병이나 암 발생 위험이 커진다.

만성 스트레스 상태가 되면 부신 피질에서 계속해서 코르티솔이 분비되기 때문에 하수체에서 부신 피질 자극 호르몬 분비가 증가한다. 그 결과 하수체는 부신 피질 자극 호르몬 생산에 분주해진다.

하수체는 성장호르몬, 갑상샘자극호르몬, 난포자극호르몬, 황체형성호르몬처럼 성장, 생식, 임신에 필수 불가결한 호르몬을 분비한다.

하지만 스트레스에 계속 노출되면 부신 피질 자극 호르몬 생산에 쫓겨 다른 호르몬 분비가 감소한다. 그 결과 스트레스로 인한 발육 저해, 생리 불순, 생식기능 장애가 생긴다.

그 밖에도 코르티솔이 계속 과잉 분비되면 뇌의 기억과 학습을 관장하는 해마라고 불리는 기관이 축소된다는 사실도 밝혀졌다.

포도당 생성을 촉진하는 코르티솔

코르티솔은 당질코르티코이드 혹은 글루코코르티코이드(글루코=당)라는 별칭으로 알 수 있듯이 뇌와 신체로 에너지를 공급하기 위한 포도당 생성을 촉진해 혈당치를 높이는 중요한 역할을 한다. 포도당을 생성하는 원료는 단백질의 원료이기도 한 아미노산이다.

스트레스를 받으면 스트레스에 대항하기 위해 뇌와 신체의 에너지원인 포도당이 필요하다.

포도당을 공급하기 위해 코르티솔이 작동해 간에서 아미노산으로부터 포도당 생성을 촉진한다. 이처럼 간에서 아미노산으로부터 당을 생성하는 일을 당신생이라고 한다.

코르티솔은 포도당 생성을 촉진하기 위해 혈당치를 낮추는 호르몬인 인슐린 기능을 억제하는 일도 한다. 그래서 만성 스트레스로 코르티솔이 계속 과잉 분비되면 고혈당이 유지되고 당뇨병에 걸릴 위험이 커진다. 과잉 생성된 포도당은 결국 지방으로 축적되기 때문에 비만이 될 위험도 커진다.

코르티솔은 포도당의 원료인 아미노산 이용을 증가시키기 때문에 근육으로 아미노산이 유입되는 것을 억제하고 근육에 있는 단백질을 아미노산으로 분해하는 일도 한다. 그 결과 근육량 감소, 위 점막과 혈관 손상, 상처 치유가 지연되는 등 문제가 생기게 된다.

적당한 스트레스

↓

코르티솔 분비

↓

간에서 아미노산으로부터
포도당 생성을 촉진(당신생)
· 포도당 생성을 촉진해
　에너지 공급
· 스트레스 상태를 개선

만성 스트레스

↓

코르티솔 분비 증가

↓

간에서 아미노산으로부터
포도당 생성이 증가

↓

· 당뇨병 위험 증가
· 비만 가능성 증가
· 단백질을 분해해 아미노산을 생성
　→ 근육량 감소, 위 점막과
　　 혈관 손상, 상처 치유 지연

스트레스로 인한 자율 신경계의 작동

스트레스 반응의 다른 대표 경로인 자율 신경계에 대해 살펴보자.

내분비계와 마찬가지로 자율 신경계에서도 스트레스 정보는 시상 하부로 전달된다. 정보는 시상 하부에서 자율 신경계의 교감 신경, 각 기관으로 순식간에 전달된다. 위급 상황에 맞닥뜨렸을 때 즉각 신체 반응을 유도하기 위해서다. 가령 야생동물은 적과 만나면 도망칠지 싸울지 순간적으로 판단해 자신의 목숨을 지킨다.

교감 신경은 각 기관까지 신경으로 연결돼 있으며 말단에서 신경 전달 물질 노르아드레날린을 분비해 정보를 전달한다.

신경 전달 물질은 신경세포 간에 정보를 전달할 때 분비되는 호르몬의 일종이다. 주로 뇌 신경세포 간의 정보 전달 물질로 일한다.

교감 신경에서 각 기관으로 신호가 전달되고 교감 신경 말단에서 노르아드레날린이 분비되면서 혈압 상승, 동공 확장, 심장 박동과 포도당 생성이 촉진된다.

교감 신경 신호가 콩팥 바로 위에 있는 부신의 내부 조직인 부신 수질로 전달되면 부신 수질에서 노르아드레날린과 아드레날린이 호르몬으로 혈액 속에 방출된다.

즉, 교감 신경을 통해 각 기관으로 정보를 즉각 전달해 긴급 대응을 유도하고 부신 수질에서 노르아드레날린과 아드레날린을 혈액 속으로 분비해 몸 전체가 대응하게 한다.

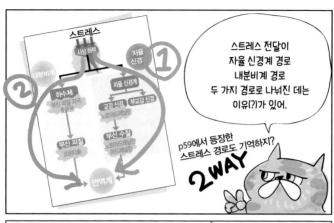

스트레스 전달이
자율 신경계 경로
내분비계 경로
두 가지 경로로 나뉘진 데는
이유(?)가 있어.

p59에서 등장한
스트레스 경로도 기억하지?
2WAY

정답
딩동댕!

자율 신경은...
위급 상황에 맞닥뜨렸을 때
순식간에 전투태세를
취하도록 한다.
였지?

그거랑 상관 있나?

나중에
내분비계가
신중하게
작용해.

스트레스원에
재빨리
대응하기 위해
자율 신경계
경로가
필요한 거고

내분비계

자율
신경계

긴
급

신중

서둘러!

67

자율 신경 실조증이란?

자율 신경계의 또 다른 신경계인 부교감 신경은 교감 신경과 반대 작용을 한다.

교감 신경이 위급 상황에 대처하는 가속장치 역할을 한다면 부교감 신경은 신체의 휴식과 회복을 돕는 제동장치의 역할을 한다.

이 두 신경계가 균형 있게 움직여야 체내 환경을 유지하는 항상성이 지속된다. 하지만 만성 스트레스에 노출되면 교감 신경이 계속 활발하게 작동해 가속장치를 밟고 있는 상태가 된다. 반대로 이를 진정시키기 위해 필요 이상으로 부교감 신경도 일하게 된다.

그 결과 자율 신경계의 균형이 깨져 우리 몸에 나쁜 영향을 끼친다. 그것이 자율 신경 실조증이다.

몸 상태가 안 좋아 병원에 갔는데 특별한 이상이 없다는 말을 들었다면 자율 신경 실조증일 가능성이 높다.

자율 신경 실조증 증상은 피로감, 불면, 식욕부진, 변비, 설사, 위통, 두통, 두근거림, 권태감, 목과 어깨의 결림과 통증, 현기증, 생리 불순 등 다양하며 개인차가 있다. 신체 증상이 나타났는데 그대로 방치하면 우울증 같은 정신 질환으로 이어질 수 있다.

정신적 스트레스를 내버려 둔 탓에 자율 신경 실조증에 걸리고 나면 자율 신경 실조증에 의한 컨디션 난조가 스트레스로 작용해 증상이 악화하거나 좀처럼 증상이 개선되지 않는 악순환에 빠지게 된다.

아드레날린과 노르아드레날린의 역할

노르아드레날린은 노르에피네프린이라고도 불리며 주로 뇌와 교감 신경에서 신경 전달 물질로 일한다. 뇌 속에서 공포, 분노, 불안, 주의, 집중, 각성, 진통에 관여한다.

교감 신경에서는 각 기관으로 가는 전달물질로 일하고 위급 상황에 심장박동 촉진과 혈압 상승을 촉진해 즉각적으로 외부 스트레스에 대응하도록 한다.

동시에 교감 신경에서 보내는 신호로 부신 수질에서 아드레날린과 노르아드레날린이 호르몬으로 방출된다.

아드레날린은 에피네프린이라고도 불리며 주로 부신 수질에서 호르몬으로 분비된다.

온 힘을 다 쏟을 때 '아드레날린이 솟구친다.'고 말하듯 아드레날린의 작용도 노르아드레날린과 거의 같으며 위급 상황에서 몸이 대응하도록 돕는다.

하지만 스트레스에 장기간 노출되면 호르몬이 계속 방출되고 생성이 이를 따라가지 못해 방출량이 줄어든다. 그 결과 우울증, 불안장애, 자율 신경실조증에 걸리게 된다.

아드레날린은 1901년 일본인 화학자 다카미네 조키치(高峰讓吉)가 최초로 호르몬으로 분리하고 결정화하며 아드레날린이라고 명명했다.

그리고 비슷한 시기에 미국의 생화학자 아벨(John Jacob Abel)도 분리에 성공했다고 발표하며 에피네프린이라고 명명해 미국에서는 에피네프린이라고 불린다.

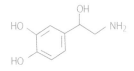

노르아드레날린

· 뇌 속→신경 전달 물질로 작용
 (공포, 분노, 불안, 주의, 집중, 각성,
 진통 등에 관여)

· 교감 신경→신경 전달 물질로
 표적 기관에 작용

· 부신 수질→호르몬으로 분비
 (심장 박동 촉진, 혈압 상승,
 동공 확장 등의 작용)

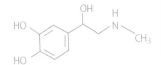

아드레날린

· 뇌 속→신경 전달 물질로 작용
 (공포, 분노, 불안, 주의, 집중, 각성,
 진통 등에 관여)

· 부신 수질→호르몬으로 분비
 (심장 박동 촉진, 혈압 상승,
 동공 확장 등의 작용)

같은 물질인데
나라마다
명칭이 달라.*

 아드레날린

 에피네프린

---

* 한국에서는 둘 다 사용한다.

71

스트레스 호르몬 분비의 특징

지금까지 살펴본 바와 같이 스트레스를 받으면 내분비계, 자율 신경계의 작용에 의해 아드레날린, 노르아드레날린, 코르티솔 같은 호르몬이 분비된다. 이러한 호르몬은 우리 몸이 위급 상황이나 스트레스에 대처하도록 돕는 일을 한다.

먼저 자율 신경계가 움직이고 이어서 내분비계의 작용으로 부신 피질과 부신 수질에서 아드레날린, 노르아드레날린, 코르티솔 같은 호르몬이 분비된다. 스트레스를 받았을 때 분비되는 호르몬 메커니즘은 다음과 같다.

신속하고 정확하게 문제를 해결해야 하는 정신적 부담이 가중된 작업을 수행할 때 우선 부신 수질에서 아드레날린이 분비돼 혈중 아드레날린 농도가 상승한다. 그리고 작업이 장기화 되면 부신 수질에서 노르아드레날린이 분비되고 혈중 노르아드레날린 농도가 상승한다.

작업을 수행하는 도중 소음과 같은 스트레스가 추가되면 부신 피질에서 코르티솔이 분비돼 혈중 코르티솔 농도가 증가한다.

정리하면 아드레날린은 열심히 하려는 의욕이 넘치는 상태에서 분비되고 노르아드레날린은 피로와 함께 분비된다. 코르티솔은 소음과 같은 스트레스가 추가돼서 정신적으로 초조한 상태가 되면 분비된다.

스트레스 반응 3단계와의 연관성

앞서 스트레스 반응 단계를 경고 반응기, 저항기, 소진기(피로기)로 나눠 설명했다. 여기서는 3단계 스트레스 반응이 어떤 식으로 나타나는지 내분비계, 자율 신경계 작용을 통해 정리해 보자.

경고 반응기는 외부 스트레스에 대해 내분비계와 자율 신경계가 작용하며 반응이 나타난다.

내분비계의 부신 피질에서 강력한 코르티솔이 분비되기 때문에 부신 피질이 비대해지고, 코르티솔 작용으로 가슴샘 등 림프 조직이 위축된다.

또 자율 신경계의 균형이 깨지며 위 점막으로 가는 혈류가 줄어든다. 그러면 위를 보호하는 분비액이 줄어들면서 위 내벽 출혈과 궤양으로 위통이 생긴다.

이러한 반응을 일으켜 몸에게 쉬라고 경고 메시지를 보낸다. 이 단계에서 충분히 쉬거나 스트레스의 원인을 제거하면 우리 몸은 정상으로 돌아간다.

경고 반응기가 지나서도 만성 스트레스에 노출되면 저항기로 넘어가고 우리 몸은 일시적 정상 상태로 돌아간다.

부신 피질에서 과하게 분비되던 코르티솔이 잠잠해지고 부신 피질 비대화가 사라지며 가슴샘 등 림프 조직 위축도 회복된다.

자율 신경계 기능이 돌아오고 위 점막으로 가는 혈류가 개선되면서 위를 보호하는 분비액도 증가해 위 내벽 출혈과 궤양도 회복된다.

하지만 저항기는 우리 몸이 일시적으로 스트레스를 견뎌내고 있는 단계이기 때문에 스트레스가 계속되면 우리 몸은 저항을 견디지 못하게 된다. 이 단계가 소진기(피로기)다.

그러면 또다시 부신 피질에서 코르티솔이 과하게 분비되고 부신 피질이 비대해지며 코르티솔의 작용으로 가슴샘 등 림프 조직이 위축된다.

그리고 자율 신경계의 균형이 깨져 위 내벽에 출혈이나 궤양이 생긴다.

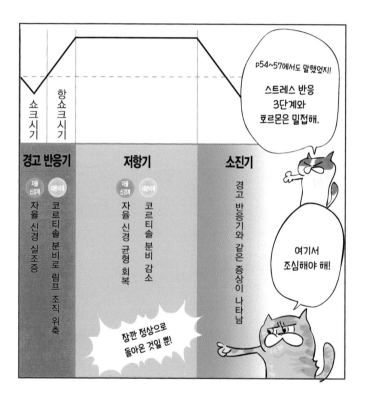

스트레스로 인한 면역기능 저하

스트레스 상태가 되면 면역기능이 저하된다. 스트레스를 받을 때 부신 피질에서 분비되는 코르티솔이 가슴샘 등 림프 조직을 위축시키기 때문이다.

가슴샘은 가슴뼈 뒤에 위치한 림프구의 분화나 증식을 관장하는 조직으로 코르티솔로 인해 위축되면 백혈구의 일종인 림프구와 마이크로퍼지가 감소한다.

림프구와 마이크로퍼지는 외부로부터 침입한 세균을 죽이거나 먹어 치워 우리 몸을 세균으로부터 지키는 일을 한다.

코르티솔은 다른 면역기능도 떨어뜨린다. 그래서 질병이나 암에 걸릴 위험이 커진다.

교감 신경이나 부교감 신경 같은 자율 신경계도 면역기능을 조절하는 일을 한다. 스트레스로 교감 신경이 작동하면 림프구와 마이크로퍼지가 감소한다. 반대로 부교감 신경이 작동하면 림프구가 활성화된다. 이처럼 스트레스는 면역기능을 떨어뜨리는 작용을 한다.

그렇다면 왜 스트레스를 받으면 면역기능이 떨어지는 것일까?

여러 가지 이유 중 하나로 다음과 같이 생각해 볼 수 있다.

외부로부터의 갑작스러운 자극, 즉 스트레스원에 대해 면역기능이 과잉 반응하는 것을 막기 위해서다.

알레르기도 과잉 면역반응 중 하나인데 알레르기 원인물질이 체내에 침입하면 때로 기침이 심해지고 전신에 발진이 생기며 최악의 경우 쇼크사하기도 한다. 이처럼 강력한 알레르기 반응을 아나필락시스라고 한다.

스트레스를 받았을 때 면역기능을 제어하는 것은 과잉 면역반응을 일으키지 않기 위해서다.

스트레스로 인한 암 유발 가능성

암은 세포 내 유전자 DNA가 화학물질, 바이러스, 방사선, 자외선 등에 공격받아 돌연변이가 발생해 암세포로 변하며 무제한으로 증식한 것이다.

일반적으로 매일 1,000개 이상의 세포가 암세포로 변한다고 한다. 하지만 면역기능이 정상으로 작동하면 암세포는 림프구의 일종인 자연 살해 세포(NK세포)나 킬러 티 세포에 의해 제거된다.

반대로 스트레스로 인해 면역기능이 떨어지면 암에 걸리거나 암의 진행 속도가 빨라질 가능성이 있다고 한다.

암세포를 공격하는 핵심 존재인 자연 살해 세포(NK세포)가 스트레스로 인해 활성이 저하되거나 수가 감소하기 때문이다.

장시간 달리기 전후의 혈중 자연 살해 세포(NK세포)를 조사해 보니 신체적 스트레스를 가한 달리기 후에 활성이 저하되었다.

시험 전후의 자연 살해 세포(NK세포) 활성상태를 조사한 결과로는 정신적 스트레스를 가한 시험 전에 활성이 저하된다는 사실을 알았다.

신체적, 정신적 스트레스로 인해 자연 살해 세포(NK세포) 활동이 억제된 것이다.

그리고 정상 세포의 유전자 DNA를 공격해 암을 유발하는 활성산소도 스트레스로 인해 대량으로 발생한다는 사실이 밝혀졌다.

스트레스로 인해 부신 수질에서 분비되는 아드레날린을 분해할 때 활성산소가 발생하기 때문이다.

제 3 장

신체적 스트레스 반응

강한 스트레스나 만성 스트레스에 노출되면 다양한 증상이 나타납니다. 이를 스트레스성 질환이라고 하며 그중에는 과로사로 이어지는 심각한 증상도 있습니다. 이번 장에서는 스트레스 초기 증상부터 시작해서 우리 몸 어디에 어떤 증상이 나타나는지 스트레스성 질환에 대해 자세히 살펴보도록 하겠습니다.

스트레스성 질환이란?

강한 스트레스나 만성 스트레스에 노출되면 신체, 정신, 행동에 다양한 증상이 나타난다. 이것이 스트레스성 질환이며, 심신증이라고 부른다.

셀리에의 스트레스 학설에 따르면 급성 스트레스 반응에는 부신 피질 비대, 림프 조직 위축, 위와 십이지장의 출혈과 궤양 등 일정한 증상이 나타난다고 한다.

하지만 실제로 일상생활 속 스트레스는 종류가 다양하며 그에 따른 반응과 증상은 사람마다 천차만별이다.

같은 스트레스를 받아도 증상이 전혀 없는 사람이 있고 다른 증상이 나타나는 사람도 있다. 또 동일 인물이라도 스트레스 증상이 항상 같지만은 않다. 이처럼 스트레스 반응은 공통된 부분도 있고 그렇지 않은 부분도 존재한다.

스트레스로 교감 신경과 부교감 신경의 균형이 무너지는 자율 신경 실조증으로 인해 나타나는 반응이 있다. 스트레스 호르몬 코르티솔이나 아드레날린, 노르아드레날린 분비로 인해 나타나는 혈압과 혈당치 상승, 심박수 증가, 면역기능 억제로 인한 반응도 있다. 이러한 스트레스 반응이 유기적으로 연결돼서 신체 증상으로 발현된다.

스트레스와 관련이 있다고 알려진 신체 증상은 호흡기계, 순환기계, 소화기계, 내분비계, 신경계 등 다방면에 걸쳐 있다.

신체와 관련된 대표 스트레스성 질환(심신증)은 다음과 같다.

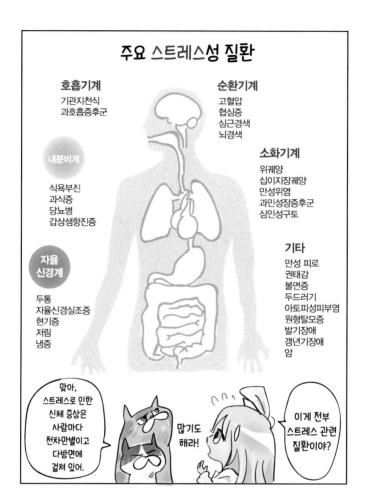

주요 스트레스성 질환
호흡기계
기관지천식
과호흡증후군
순환기계
고혈압
협심증
심근경색
뇌경색
내분비계
식욕부진
과식증
당뇨병
갑상샘항진증
소화기계
위궤양
십이지장궤양
만성위염
과민성장증후군
심인성구토
자율 신경계
두통
자율신경실조증
현기증
저림
냉증
기타
만성 피로
권태감
불면증
두드러기
아토피성피부염
원형탈모증
발기장애
갱년기장애
암
이게 전부 스트레스 관련 질환이야?
맞아, 스트레스로 인한 신체 증상은 사람마다 천차만별이고 다방면에 걸쳐 있어.
많기도 해라!

원인이 불명확한 증상은 스트레스 탓?

왠지 모르게 컨디션이 좋지 않다. 피로나 권태감, 두통이나 현기증 등의 자각증상이 있어 병원에 갔는데 원인을 알 수 없다고 한다. 이런 식으로 원인은 불명확한데 신체 이상을 자각하고 있는 상태를 부정형 신체 증후군이라고 한다.

심각한 병일 수도 있기 때문에 병원을 찾아가 원인을 밝혀내는 게 급선무다. 하지만 병원에 가서 여러 검사를 받아도 원인을 찾지 못하고 특별한 이상이 없다는 말을 들었다면 스트레스로 인한 자율신경실조증이 원인일 가능성이 크다.

스트레스가 원인인 이러한 증상은 악순환에 빠지기 쉽다는 특성이 있다.

예를 들어 자주 심한 두통과 현기증에 시달리면 증상 자체도 힘들지만 뇌에 문제가 생긴 건 아닌지 불안하다. 심란한 마음에 병원을 찾아가도 원인을 알 수 없다는 소리를 듣는다. 혹시나 하는 마음에 다른 병원에 가서도 같은 말을 듣는다. 점점 불안해진다.

이러한 불안이 스트레스로 작용해 자율 신경 실조증이 악화되고 그 결과 두통이나 현기증이 심해지는 악순환에 빠진다.

이런 상태를 방치하면 우울증 같은 정신질환으로 발전할 수 있다. 그렇게 되지 않으려면 원인이 스트레스라는 사실을 자각하고 스트레스를 줄이기 위한 대처법을 찾아내야 한다.

만성 피로와 스트레스로 인한 과로사 위험

스트레스를 전혀 받지 않는 것보다 적당한 스트레스를 받으면 생산성이 향상된다고 앞서 말했다. 물론 항상 적당한 스트레스를 받으면 더할 나위 없겠지만 실제로 그렇지 못한 경우가 많다.

어떤 일을 하든 피로가 동반되기 마련이고 스트레스가 쌓이고 있는데 정작 본인이 자각하지 못하는 경우도 많다. 그러는 사이 스트레스와 피로가 누적된다.

스트레스 반응이 나타나거나 피로를 느끼는 것은 우리 몸을 쉬게 하라는 신호이기 때문에 가급적이면 즉시 쉬거나 잠을 자면서 컨디션을 회복해야 한다.

하지만 현대 사회에서 그렇게 대응하기란 쉽지 않다. 스트레스를 받고 있다는 사실조차 자각하지 못한다면 더욱 그렇다. 이와 같은 생활이 지속되면 만성 스트레스나 만성 피로가 유발된다. 그리고 더 진행되면 과로 상태에 빠진다.

그런 상황에서 평소보다 강한 스트레스를 받으면 급성 스트레스로 발전하고 그것을 계기로 심근경색, 뇌졸중, 협심증을 일으켜 최악의 경우 사망할 위험이 있다. 그게 바로 과로사다.

특별히 몸에 이상은 없는데 항상 심한 피로를 느끼는 만성피로증후군 증상이 나타나기도 한다.

스트레스로 인한 면역기능 저하가 만성피로증후군을 유발한다고 알려졌지만 아직 명확히 밝혀진 것은 없다.

스트레스 초기 증상

자각증상 없이 자신도 모르는 사이에 스트레스가 쌓인다.

누적된 스트레스를 그대로 방치하면 만성 피로, 두통, 위통, 어깨 결림, 고혈압, 구토, 설사, 식욕부진, 불면증 같은 다양한 자각증상이 나타난다. 그리고 예상치 못한 중대 질환으로 발전하기도 한다. 그렇게 되지 않으려면 본인이 스트레스를 받고 있다는 사실을 초기 단계에 깨닫는 게 중요하다. 스트레스 초기 증상이 나타나는 단계에 여러 방법을 동원해 대응하는 게 중요하다. 스트레스 초기 증상은 다음과 같다.

스트레스 초기 증상

· 눈이 금세 피곤해진다.
· 어깨가 자주 결린다.
· 등이나 허리가 아프다.
· 가끔 자리에서 일어날 때 현기증을 느낀다.
· 아침에 개운하게 일어나지 못하는 날이 많다.
· 머리가 멍한 날이 많다.
· 꿈을 자주 꾸는 것 같다.
· 손발이 자주 차가워진다.
· 식사를 마친 후 속이 더부룩하다.

스트레스를 계속 받아 만성 스트레스 상태가 되면 다음과 같은 증상이
나타난다.

만성 스트레스 증상

· 피로가 풀리지 않는 날이 많다.
· 금세 피곤해진다.
· 배 당김이나 통증. 설사, 변비 증상이 자주 나타난다.
· 짜증이나 화를 자주 낸다.
· 사람 만나는 일이 귀찮다.
· 일할 의욕이 생기지 않는다.
· 입안이 꺼끌꺼끌하고 짓무른다.
· 감기에 자주 걸리고 한번 걸리면 오래 간다.
· 혀에 백태가 자주 긴다.
· 체중이 줄었다.
· 잠들기 어렵고 중간에 깨는 일이 늘었다.
· 좋아하는 음식인데도 먹고 싶다는 생각이 안 든다.

5

스트레스로 인한 행동 변화

스트레스는 신체, 정신뿐 아니라 행동에도 다양한 반응을 일으킨다. 행동 반응이나 변화는 스트레스 초기 단계에 나타나기도 한다. 지금까지와는 다른 행동을 보인다면 스트레스가 원인이 아닌지 의심해 본다. 스트레스로 인한 행동 반응은 다음과 같다.

스트레스로 인한 행동 변화

· 생활 리듬이 무너진다.
· 흡연과 음주의 횟수나 양이 늘었다.
· 식욕이 없다.
· 과식한다. 달고 자극적인 음식을 찾는다.
· 업무 능률이 떨어지고 잦은 실수를 한다.
· 충동구매가 늘었다.
· 사행성 오락을 즐기는 횟수가 늘었다.
· 짜증이나 화가 늘었다.
· 약물에 손을 댄다.

해당 항목을 체크해 보자고. 많으면 위험해!

적당한 음주는 스트레스 해소에 도움이 되지만 이런 행동이 빈번해지면 생활 리듬이 깨지고 인간관계에 문제가 발생한다.

그러면 문제가 스트레스로 작용해 신체 및 정신 관련 스트레스성 질환의 원인이 된다.

6

스트레스로 위통이 생기는 이유

고민거리가 있어 마음이 불편할 때 '속 시끄럽다.'라고 표현하듯 스트레스의 전형적 증상은 위에서 나타난다. 위가 아픈 것은 특히 심각한 불안이나 긴장 같은 정신적 스트레스가 원인인 경우가 많다.

정신적 스트레스를 받으면 교감 신경이 작동해 혈관을 수축하기 때문에 위 점막의 혈류 속도도 저하된다. 위 점막이 약해지고 동시에 위액에서 위 점막을 지키는 분비액도 줄어든다.

또 교감 신경과 함께 부교감 신경도 작동해 위액 분비가 증가한다. 그러면 위 점막이 손상을 입거나 궤양이 생긴다.

즉, 대량의 위액이 무방비 상태가 된 위 점막을 침범해 위통이 생긴다.

위장에 헬리코박터균(Helicobacter pylori)이 서식하면 위궤양과 암에 걸릴 위험성이 높다는 사실은 잘 알려져 있다. 일반적으로 위액이 세균을 제거하기 때문에 세균은 위 속에서 서식할 수 없다. 하지만 헬리코박터균은 위산을 중화시키는 효소를 가지고 있어 위 속에서 서식할 수 있다.

헬리코박터균이 서식하면 위궤양과 암에 걸리는 이유에 대해 아직 명확히 밝혀지지는 않았다.

단지 헬리코박터균이 위산을 중화할 때 발생하는 암모니아가 위 점막을 훼손하거나 헬리코박터균이 가지고 있는 효소가 위 점막을 보호하는 분비액을 분해하기 때문이라고 추측할 뿐이다.

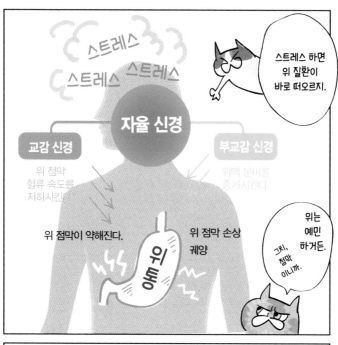

꿀팁 위장에
헬리코박터균이 있으면
위궤양이나
암에 걸릴 수
있는 건 사실

스트레스로 인한 심장과 뇌 혈류 악화

스트레스는 고혈압, 협심증, 심근경색, 뇌경색 등 순환기계 질환을 유발한다.

협심증이란 동맥경화나 혈전에 의해 혈류 속도가 떨어져 심장 박동이 줄어들고 가슴이 조여 오는 통증을 느끼는 질환이다.

심근경색은 혈관이 혈전으로 막혀 심장으로 가는 혈류가 부분적으로 정지해 버리는 질환이다. 갑자기 가슴에 심한 통증을 느낀다.

마찬가지로 뇌혈관이 혈전으로 막혀버리는 질환이 뇌경색이다. 스트레스를 받으면 교감 신경이 먼저 작동하고 동시에 부신 수질에서 분비되는 아드레날린에 의해 심박수 증가, 혈압 상승, 혈관 수축이 발생하기 때문이다.

아드레날린은 혈중 혈소판의 기능을 활성화하는 작용을 한다. 혈소판은 출혈이 발생했을 때 혈액을 응고시켜 상처 부위를 아물게 하는 일을 한다.

스트레스를 받으면 혈관이 수축하거나 혈소판 기능이 활성화되는 이유는 위급 상황에 맞닥뜨렸을 때, 곧바로 상처 부위를 치유하기 위해서다.

하지만 만성 스트레스에 노출되면 이러한 기능이 역으로 작용한다. 즉, 동맥경화를 촉진하거나 혈전이 생기기 쉬운 상태가 된다. 게다가 스트레스는 혈중 콜레스테롤 수치를 높이는 작용도 하기 때문에 혈류가 더욱 나빠진다.

혈전

스트레스로 인한 혈당치 상승

당분은 우리 몸과 뇌의 에너지원이다. 하지만 당분이 너무 많아지면 혈관과 신경에 손상을 주는 등 다양한 해를 끼친다.

그래서 항상 혈중 당분량(혈당치)은 일정하게 제어된다.

음식물을 섭취하면 탄수화물 등의 당질은 소화·분해돼서 포도당(글루코스)이 되고 그로 인해 식사 후 혈당치가 상승한다.

감기에 걸렸을 때나 아무것도 먹지 않고 야근할 때는 혈당치가 내려갈 것 같지만 오히려 혈당치가 올라간다. 스트레스로 혈당치가 상승했기 때문이다.

여러 번 언급했는데 스트레스를 받으면 부신 피질에서 코르티솔이 분비된다. 코르티솔은 포도당 생성을 촉진하고 혈당치를 올리는 일을 한다.

반대로 혈중 혈당치를 낮추는 작용을 하는 호르몬이 인슐린이다. 인슐린은 췌장 내부에 섬처럼 흩어져 있는 랑게르한스섬이라고 불리는 세포의 집합체에서 분비된다. 랑게르한스섬에는 그 밖에도 혈당치를 올리는 일을 하는 글루카곤이라는 호르몬을 분비하는 세포도 있다.

혈당치가 상승하면 췌장의 랑게르한스섬에서 인슐린이 분비된다. 인슐린은 세포가 포도당을 흡수해서 에너지원으로 이용하도록 돕는다.

또 여분의 포도당은 간에서 글리코겐으로 변환돼 저장되고 그 결과 혈당치가 내려간다. 인슐린은 체내에서 혈당치를 낮추는 유일한 호르몬이다.

한편 혈당치를 올리는 호르몬에는 글루카곤, 코르티솔, 갑상샘호르몬, 아드레날린, 성장호르몬 등 여러 가지가 있다. 당분은 살아가는 데 있어 필수 불가결한 에너지원이기 때문이다.

하지만 인슐린 분비가 부족하거나 인슐린 작용이 저하되면 혈당치가 높

아진다. 이것이 당뇨병이다. 만성 스트레스가 계속되면 당뇨병이 생길 위험
성도 증가한다고 볼 수 있다.

스트레스로 인한 입 마름

긴장이나 불안 같은 스트레스를 받으면 타액 분비가 줄어들어 입이 마르기도 한다. 스트레스로 교감 신경이 먼저 작동할 때 침샘 주변 혈관이 수축하면서 타액 분비가 감소하기 때문이다.

반대로 식사할 때나 긴장이 풀렸을 때 부교감 신경이 먼저 작동하면 타액 분비가 많아진다.

음식을 입에 넣거나 보거나 떠올리기만 해도 반사작용으로 타액이 분비된다. 타액은 일반적으로 하루에 1리터 이상 분비되며 대부분 수분이지만 중요한 역할을 담당한다.

첫째, 소화작용이다. 타액 속에 함유된 소화효소 아밀라아제는 당질을 분해한다.

둘째, 살균작용이다. 입은 체내로 들어가는 입구라서 외부에서 끊임없이 세균이 침입한다. 타액 속에는 살균작용을 하는 리조팀이라는 효소가 들어 있어 외부에서 침입하는 세균류로부터 우리 몸을 지켜준다. 타액이 항상 분비되기 때문에 입 안을 세정하고 청결하게 유지할 수 있다.

셋째, 윤활 작용이다. 타액이 분비돼서 입 안에 수분감을 주고 말하거나 먹을 때 치아가 구강 내 점막이나 혀를 상처 주지 않도록 돕는다.

넷째, 미각 작용이다. 저작한 음식물이 타액에 녹아들어 미각을 느끼게 한다. 또 타액과 혼합되며 음식이 잘 삼켜지도록 한다.

다섯째, 재 석회화 작용(치아 보수)이다. 타액에 함유된 칼슘이나 미네랄에 의해 치아는 끊임없이 복구된다. 또 구강 내 pH(산성이나 알칼리성 정도)를 일정하게 유지해서 충치 예방을 돕는다.

스트레스로 타액 분비가 감소하면 이와 같은 기능이 저해될 수 있다.

타액의 역할

- 소화 작용
  소화효소 아밀라아제가 당질을 분해
- 살균 작용
  리조팀이 살균작용. 자정작용
- 윤활 작용
  치아로 인해 점막과 혀가 상처 입지 않게 도움
- 미각 작용
  미각을 잘 느끼고
  삼키기 쉽게 도움
- 재 석회화 작용
  치아 보수,
  pH를 일정하게 유지

99

스트레스와 두통

스트레스가 만성 두통을 유발하는 가장 큰 원인이라는 사실은 잘 알려져 있다.

만성 두통에는 편두통과 긴장성두통이 있다. 편두통은 머리 한쪽 또는 양쪽에서 심장 박동에 맞춰 격렬한 통증이 발생하는 질환이다. 스트레스로 인해 머릿속 혈관이 수축하고 수축한 혈관이 확장할 때 통증이 생긴다. 그래서 스트레스로 인한 긴장감이 사라진 후에 편두통이 생기는 경우가 많다.

두통은 성격과 관련이 깊다. 편두통을 자주 겪는 사람의 성격은 엄격하고 야심가이며 완벽주의에 스트레스를 참고 감정을 억누르며 자기주장이 강하다.

편두통은 특별한 원인이 없는데 발작적으로 나타난다. 불안, 긴장, 공포 등 정신적 스트레스와 과로, 수면 부족, 공복 등의 신체적 스트레스 그리고 온도 변화와 소리, 빛 등의 환경 스트레스에 의해 발생한다.

긴장성두통은 편두통만큼 통증을 수반하지는 않지만 머리를 옥죄는 둔한 통증이 계속된다. 통증은 서서히 시작돼 저녁이 되면 강해진다. 단, 편두통 같은 박동형 통증은 없다.

긴장성두통은 스트레스 때문에 어깨에서 머리까지 근육 긴장과 혈관 수축이 발생하고 그로 인해 혈류 속도가 느려져 통증의 근원이 되는 물질이 혈관 밖으로 방출되는 게 원인이라고 추측한다. 이런 점에서 긴장성두통은 어깨가 자주 결리는 사람에게 많이 나타나는 특징이 있다.

긴장성두통을 자주 겪는 사람의 성격은 긴장을 잘하고 불안과 우울 증세가 있으며 스트레스 영향을 쉽게 받고 자기주장이 약한 내향형이 많다.

편두통

특징
돌발적으로 한쪽이나 양쪽 머리에서 발생하는 박동형의 심한 통증.

스트레스와 관련성
스트레스로 머리 혈관이 수축한 후 확장할 때 통증이 생김.

성격과 관련성
엄격하고 야심가이며 완벽주의에 스트레스를 참음.
감정을 억누르며 자기주장이 강함.

긴장성두통

특징
머리를 옥죄는 둔한 통증이 계속 된다. 박동형 통증은 없음.

스트레스와 관련성
스트레스로 인해 어깨에서 머리 까지 근육 긴장과 혈관 수축이 발생해 혈류 속도가 느려져 통증 의 근원이 되는 물질이 혈관 밖 으로 방출되는 게 원인.

성격과 관련성
긴장을 잘하고 불안과 우울 증세 가 있음.
스트레스 영향을 쉽게 받고 자기 주장이 약한 내향형.

스트레스가 사라지면 나을 확률도 높아져.

다 나앗 어요?

좀 어때요?

쭈-욱

엄마가 젊었을 때 편두통을 달고 살았거든.

스트레스로 인한 현기증과 이명

현기증도 대표적인 스트레스성 질환이다. 스트레스로 인한 자율 신경 실조증이 원인으로 현기증이 나는 경우가 많기 때문이다.

귀 가장 안쪽에 위치한 달팽이 모양을 한 내이와 반고리관은 신체 균형을 유지하는 일을 한다. 여기에 이상이 생기면 현기증이 난다.

현기증에는 공중에 떠 있는 것처럼 느껴지는 부동성 현기증과 주위가 빙글빙글 도는 것처럼 느껴지는 회전성 현기증이 있다.

스트레스가 원인인 부동성 현기증은 자율 신경 실조증에 의해 내이로 들어가는 혈류가 부족해서 발생한다고 보고 있다. 한편 회전성 현기증은 평형 감각을 관장하는 반고리관에 이상이 생겨 발생한다.

내이에 있는 이석(칼슘 입자)이 떨어져 나와 반고리관으로 들어가 생기는 양성 발작성 두위 현기증과 반고리관 내부에 있는 림프액이 증가해 물집 상태가 돼서 생기는 메니에르병이 있다. 양쪽 다 스트레스나 스트레스로 인한 자율 신경 실조증을 원인 중 하나로 보고 있다.

또 스트레스로 인한 자율 신경 실조증에 걸리면 내이나 반고리관에 이상이 없어도 현기증이나 이명이 생긴다.

마찬가지로 뇌로 가는 혈류가 부족해 발생하는 일시적 빈혈과 기립성 어지럼증, 현기증, 이명도 스트레스로 인한 자율 신경 실조증이 원인인 경우가 많다.

양성 발작성 두위 현기증
내이에 있는 이석(칼슘 입자)이
떨어져 나와
반고리관으로 들어가 발병.

메니에르병
반고리관 내부에 있는
림프액이 불어나
물집 상태가 되며 발병.
↓
모두 스트레스가
원인인 경우가 많다.

스트레스로 인한 빈뇨

긴장 같은 스트레스로 인해 자꾸 화장실(빈뇨)에 가고 싶어진다. 이렇게 자주 소변을 보는 증상을 빈뇨라고 한다.

하루 평균 배뇨 횟수(낮에 활동할 때)는 약 7회 정도다. 하루 8회 이상이 되면 빈뇨일 가능성이 있다.

중년남성은 전립샘비대증, 여성은 방광염 등 빈뇨의 원인은 다양하다. 신체적으로 아무 이상이 없는데 정신적 스트레스로 유발되는 빈뇨를 신경성 빈뇨(심인성 빈뇨)라고 한다.

일시적 긴장에 의한 신경성 빈뇨는 긴장이 사라지면 빈뇨 증상도 사라진다. 예를 들어 좋아하는 일을 할 때나 수면 중에는 요의를 느끼지 않는다.

하지만 자꾸 화장실에 가는 걸 신경 쓰다 보면 전철 안이나 회의 중에 '화장실 가고 싶으면 어쩌지?'라는 강박이 스트레스로 작용해 빈뇨를 유발한다.

방광은 대뇌와 자율 신경계에 의해 제어된다. 교감 신경이 활성화되면 방광이 확장하며 소변을 저장하고 부교감 신경이 활성화되면 방광이 수축하며 요의를 자극한다. 이는 위급 상황이나 운동 중에 배뇨를 억제하고 반대로 쉴 때 배뇨하기 위함이다.

하지만 긴장 같은 스트레스로 자율 신경계가 오작동하면 부교감 신경이 우위에 서게 돼서 배뇨를 억제해야 하는데 방광이 수축하거나 소변이 많이 저장되지 않았는데도 요의를 느끼는 등 과도하게 반응하게 된다.

성별 빈뇨의 원인

전립샘비대증

방광염

후다닥

W.c.

화장실 화장실

하루 배뇨
횟수가 8회
이상이면
빈뇨야.

교감 신경

부교감 신경

방광을
확장한다.

방광을
축한다.

소변을
저장한다.

요의를
자극한다.

방광을
제어하는 건
바로!

자율
신경계

긴장 탓에
부교감 신경이
우위에 서면
과도한 요의를
느끼게 돼.

다행이다!

신경성 빈뇨

신체적
원인이 아닌
정신적
스트레스에 의한
빈뇨를
이렇게 부르지.

부

교

105

13

스트레스로 인한 복부 상태 악화

병원에 가서 검사받아도 특별한 이상이 없다고 하는데 만성 설사나 변비, 복부 통증, 가스 참 등 반복해서 불쾌감을 느끼는 증상을 과민성 장 증후군이라고 한다.

과민성 장 증후군도 스트레스로 인한 자율 신경계 혼란이 큰 요인으로 알려져 있으며 특히 선진국의 20~40대 젊은 층에 많이 나타난다는 특징이 있다.

과민성 장 증후군 증상에는 크게 세 가지 패턴이 있다.

첫째 남성에게 많이 보이는 설사형, 둘째 여성에게 많이 보이는 변비형, 셋째 설사와 변비가 교대로 나타나는 교차형이다.

대장은 위와 소장에서 소화된 음식물에 포함된 수분을 흡수하는 일을 한다. 수분이 제대로 흡수되지 않으면 설사를 하고 반대로 수분이 과하게 흡수되면 변비에 걸린다.

과민성 장 증후군의 설사는 스트레스로 인해 자율 신경계에서 오는 신호가 대장으로 전달되면서 대장 운동이 증가하고 내용물이 대장을 통과하는 시간이 짧아져 수분이 충분하게 흡수되지 않아 나타난다.

출퇴근 만원 전철 안이나 회의 중처럼 설사하면 곤란한 상황이 반대로 스트레스로 작용해 갑자기 설사 증상이 나타나는 성가신 면이 있다. 문자 그대로 장이 과도하게 예민해져 작은 자극에도 증상이 나타난다.

한편 과민성 장 증후군의 변비는 설사형과는 반대로 스트레스로 인한 자율 신경계의 혼란 때문에 대장 운동이 감소해 내용물 정체시간이 증가한 결과 수분이 과도하게 흡수되면서 대변이 굳어져 발생한다.

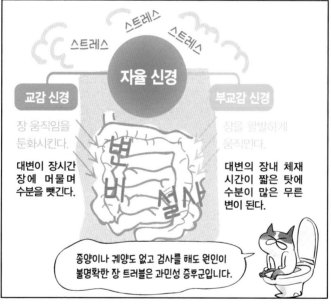

14

스트레스로 인한 불면증

우리 몸과 뇌를 쉬게 하는 수면은 필수 불가결한 존재다. 수면은 피로를 해소하는 목적 이외에도 수면 중 분비되는 성장 호르몬이 우리 몸의 아픈 곳을 회복시키거나 면역력을 높이는 중요한 역할을 담당한다.

하지만 불규칙한 생활 습관이나 스트레스로 불면증에 걸리는 사람이 늘고 있다.

만성 스트레스는 우울증 같은 정신질환으로 발전하기도 한다. 우울증은 불면증을 동반하는 경우가 많기 때문에 증상을 더욱 악화시킬 수 있다.

일반적으로 불면증은 네 가지로 분류할 수 있다.

잠자리에 누워도 좀처럼 잠들지 못하는 입면 장애, 밤중에 여러 번 깨거나 한번 깨면 다시 잠들지 못하는 중도 각성, 고령자에게 많이 보이는 이른 새벽에 일어나 다시 잠들지 못하는 조기 각성, 충분히 잔 것 같은데 깊은 잠을 잤다는 느낌이 안 들거나 개운하지 않아 잠자리에서 빠져나오지 못하는 숙면 장애다.

단기간 불면증은 흔한 일이다. 누구나 경험해 봤을 테고 불안이나 걱정거리가 있으면 잠을 못 자게 마련이다. 이는 불안이나 걱정거리 같은 스트레스가 교감 신경을 흥분시키기 때문이다. 이 경우 불안과 걱정거리가 사라지면 바로 잠들 수 있다.

하지만 이러한 상황이 계속되면 원인이 해소돼도 불면증이 계속된다. '오늘 밤도 못 자는 게 아닐까?' '일찍 잠들어야 하는데…'와 같은 강박이 스트레스로 작용해 더욱 잠을 못 자게 된다. 이러한 정신적 불면증을 정신 생리성 불면증이라고 한다. 이럴 때는 억지로 자려 하지 말고 이불에서 나와 다른 일을 하면서 잠이 오기를 기다리는 편이 낫다.

잠자리에 들어도 좀처럼 잠들지 못한다.
→ 입면 장애

밤중에 여러 번 깨거나 한번 깨면
다시 잠들지 못한다.
→ 중도 각성

이른 새벽에 일어나 다시 잠들지 못한다.
→ 조기 각성

잠을 푹 잔 것 같지 않다.
→ 숙면 장애

불면증으로
고통받는 사람이
많아.

꿀팁

자기 전에 스마트폰
화면(블루라이트)을 보면
교감 신경이
흥분돼서 잠들기
어려워져요.

잠을 못 자는
불안이 교감 신경을
흥분시켜 점점 더
못 자게 돼요.

자야 한다고
초조해하지
말 것!

아침 일찍
일어나야 하는데
잠을 못 자니
속이 타는군요.

자기 전 마시는
소량의 술은
효과 만점!

달그락

15

스트레스로 인한 흰머리 증가와 탈모 촉진

스트레스는 두발에도 영향을 미치며 그로 인해 흰머리가 늘거나 원형탈모증이 생긴다.

검은색 모발은 모근에 있는 색소세포(멜라노사이트)에서 생성된 멜라닌 색소에 의해 검은색이 된다. 그 말은 즉, 두발은 본래 흰색이다.

색소세포(멜라노사이트) 기능이 저하되면 멜라닌 색소를 생성해 내지 못해 흰머리가 생긴다.

스트레스는 교감 신경을 자극해 모근의 모세혈관을 수축시켜 혈류를 악화시킨다. 그래서 색소세포(멜라노사이트) 기능이 저하된다. 나이가 들면 흰머리가 늘어나는 이유도 노화로 색소세포(멜라노사이트) 기능이 저하되고 세포 수도 줄기 때문이다.

격렬한 슬픔이나 공포로 하룻밤 사이에 백발로 변했다는 이야기가 있는데 흰머리가 생기는 메커니즘에서 본다면 이미 검은색으로 자란 머리가 흰머리로 바뀌는 현상은 납득하기 어렵다.

모발은 모근에 있는 모근세포가 활성화되며 성장한다. 스트레스로 인해 모근세포로 가는 혈류에 문제가 생기면 모발 성장이 저해되고 탈모가 생긴다.

최근 원형탈모증이 생기는 원인 중 하나로 자가면역질환이 주목받고 있다. 자가면역질환은 자기 신체 일부를 이물질로 인식, 면역기능이 이를 공격하는 병이다.

자가면역질환을 원형탈모증의 원인으로 보는 견해는 모근세포를 이물질로 인식해 공격하기 때문이라고 추측한다.

'스트레스와 흰머리는 관련 있다.'

O, X로 답해주세요!

문제

이것도 혈류 저것도 혈류니까!

에리한데!

O, X도 필요 없네 …

짜잔!

혈류

흰머리의 원인이 혈류 부족 때문이라면 스트레스와 관련 있겠지.

그 말대로 스트레스가 흰머리와 탈모, 그리고 원형탈모증까지 유발해.

교감 신경

두피 혈류를 저하시킨다.

모근세포의 기능 저하
↓
탈모

색소세포의 기능 저하
↓
흰머리

원형탈모증 원인으로 자가면역 질환이 주목받고 있다.

꿀팁

자기 세포를 이물질로 인식해 면역이 폭주, 공격하는 증상

16

스트레스와 식욕의 관계

스트레스는 식욕을 없애거나 반대로 증가시킨다. 이는 사람마다 상황에 따라 다르다.

평상시 식욕이 있는 사람은 스트레스를 받으면 식욕이 떨어지고 반대로 평상시 식욕이 없는 사람은 스트레스를 받으면 식욕이 증가하는 경향이 있다는 연구 결과도 있다.

우울, 불안, 공포, 긴장 같은 강한 정신적 스트레스는 식욕을 감퇴시킨다. 이는 스트레스로 인해 교감 신경이 우위에 서서 혈당치를 상승시키거나 위장 기능을 저하시키기 때문이다.

하지만 같은 정신적 스트레스라도 짜증이 날 때처럼 에너지를 발산하지 못하는 상황에서는 예상치 못한 식욕이 생겨 폭식하게 된다.

스트레스로 높아진 교감 신경을 안정시키기 위해 음식물을 섭취함으로써 부교감 신경을 활성화시키기 위해서다. 다시 말해 먹으면서 스트레스를 발산하는 것이다.

또 스트레스를 받으면 분비되는 코르티솔은 식욕을 억제하는 렙틴이라는 호르몬의 분비를 줄여 식욕을 높이는 작용을 하는데 이것도 폭식의 원인이다.

식욕은 뇌 중심 부분에 있는 시상 하부의 섭식중추와 포만중추에 의해 조절된다. 섭식중추가 자극받으면 식욕이 증가하고 포만중추가 자극받으면 식욕이 저하된다.

이처럼 어느 쪽 활동이 약해지거나 강해짐으로써 식욕이 생기거나 사라지거나 한다.

그래서 식욕 중추 활동이 스트레스나 극단적 다이어트로 인해 원활히 조절되지 못하면 과식증이나 거식증 같은 섭식장애로 발전하기도 한다.

식후에 케이크 같은 단 음식을 보면 배가 불러도 먹고 싶듯이 식욕은 미각, 시각, 후각으로부터 영향을 받는다.

붉은색 계열은 식욕을 증진하고 파란색 계열은 식욕을 저하한다는 재미있는 연구 결과도 있다. 이는 진화 과정에서 먹거리로 과실을 많이 섭취했기 때문에 과실 색에 가까운 붉은색 계열에 식욕을 느끼고 반대로 독이 숨겨져 있을 가능성이 높은 파란색 계열은 식욕을 저하하는 것으로 보고 있다.

스트레스와 고혈압

여러 번 언급했듯이 스트레스는 고혈압과 밀접한 관련이 있다. 스트레스를 받으면 교감 신경이 작동하고 부신 수질에서 분비되는 아드레날린에 의해 심박수 증가, 혈압 상승, 혈관 수축이 발생하기 때문이다.

스트레스 이외에도 고혈압에 걸리는 원인은 다양하다. 하지만 스트레스성 고혈압의 경우 스트레스가 사라지면 혈압도 떨어진다는 특징이 있다.

가령 병원에서 흰 가운을 입은 의사를 보기만 해도 혈압이 상승한다. 이를 백의고혈압이라고 부른다.

또 고혈압인 사람이 정년퇴직을 하고 업무에서 해방된 순간 혈압이 정상으로 돌아오기도 한다.

스트레스로 인한 복통

성인에게는 스트레스로 인한 과민성 장 증후군 증상이 많이 나타난다.

한편 아이들에게 많이 나타나는 스트레스성 질환은 심인성 복통이다. 평상시에는 괜찮다가 유치원이나 학교에 가기 전 특별한 경우에만 증상이 나타난다면 심인성 복통을 의심해 볼 수 있다.

스트레스로 자율 신경계에 혼란이 생겨 위가 민감해지거나 과도하게 수축하기 때문이라고 보고 있다.

스트레스와 어깨 결림

두통과 마찬가지로 어깨 결림도 스트레스가 원인인 경우가 많다. 정신적 스트레스로 어깨부터 머리까지 근육의 긴장이 만성화되면서 뭉치기 때문이다.

교감 신경이 흥분해서 혈관을 수축해 혈류 속도가 느려지는 것도 어깨 결림을 악화시키는 원인으로 알려져 있다.

하지만 어깨 결림이나 근육 피로의 원인은 아직 명확히 밝혀지지 않았다.

운동 중이거나 근육으로 가는 산소 공급이 부족할 때 생성되는 젖산이 피로나 어깨 결림과 관련이 있다고 알려져 있었다. 그러나 최근 연구에서 젖산은 피로의 직접적 원인물질이 아니라는 사실이 밝혀졌다.

스트레스로 인한 호흡곤란과 과호흡

강한 불안과 긴장 등 급성 스트레스로 인해 교감 신경이 흥분하면 기관 지가 확장된다. 또한 호흡수도 증가한다.

그 결과 아무리 호흡해도 산소를 들이켜지 못하는 상태가 된다. 이것이 과호흡증후군(과환기증후군)이다.

과도한 호흡으로 인해 이산화탄소가 과다 배출돼 혈중 이산화탄소 농도 가 정상 범위 아래로 떨어진다. 그리고 혈액이 알칼리성으로 기울어지면서 호흡곤란, 현기증, 저림, 가슴 두근거림 같은 증상이 나타난다.

콘서트장에서 가끔 지나치게 흥분한 탓에 과호흡증후군 증상으로 실신 하는 사람도 있다.

스트레스에 계속 노출되면 자율 신경계 교란으로 부교감 신경이 우위에 서게 된다. 그러면 기관지가 수축해 호흡곤란이나 기관지천식 같은 증상이 나타나는 것이다.

스트레스로 인한 성 기능 장애

일본에서는 매년 섹스리스 비율이 증가하고 있다. 일본가족계획협회가 2014년 실시한 조사에서 부부의 44.6%가 성관계를 하지 않는다는 결과가 나왔다.

성관계가 없어지는 이유는 다양하지만 스트레스도 원인으로 볼 수 있다. 스트레스가 성 기능 장애에 많은 영향을 주기 때문이다.

성 기능 장애란 어떤 이유로 성적 활동에 어려움을 겪는 증상을 말한다. 성적 흥분에 의한 정상적인 성 기능은 이완된 상태, 즉 부교감 신경이 우위에 섰을 때 작동한다. 긴장이나 불안 등 스트레스가 있으면 교감 신경이 우위에 서게 되고 성적 흥분이 사라지거나 성적으로 흥분하긴 해도 신체가 반응하지 않게 된다.

애초에 강한 스트레스를 받으면 성욕조차 생기지 않는다. 그리고 부부 갈등과 상대방에 대한 인식이나 감정 변화도 성적 활동에 큰 영향을 준다.

남성은 업무상 스트레스나 나이가 들면서 줄어드는 남성 호르몬 때문에 성 기능 감퇴를 겪는다. 또한 신체 변화에 따른 성 기능 장애가 생기는 경우도 많다.

여성은 임신, 출산, 육아를 동반한 스트레스의 영향이 크다. 나이가 들면서 여성 호르몬 분비가 줄어들며 생기는 갱년기장애나 신체 변화에 따른 영향도 물론 있다.

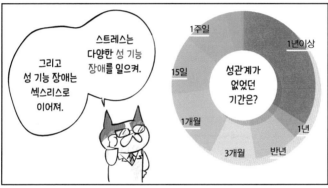

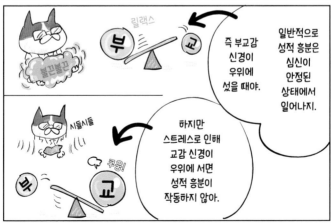

성욕장애

성욕장애란 성욕 저하로 성적 활동에 대한 욕구가 생기지 않는 상태다. 특히 남성에게는 발기부전 증상이 많이 나타난다.

남성은 업무상 계속된 스트레스로 성욕이 감퇴하거나 업무에 지쳐 성행위를 할 마음이 들지 않는 경우가 많다. 중년 이후 남성 호르몬 분비가 감소하며 조금씩 성욕도 줄어든다.

또 나이가 들면서 발기부전을 겪는 비율도 높아진다.

한편 여성은 업무나 임신, 출산, 육아 스트레스로 성욕이 저하되는 경우가 많다. 특히 육아만으로도 벅차기 때문에 성행위를 할 마음이 생기지 않는다. 그래서 출산을 계기로 성관계가 없어지는 부부도 많다.

여성은 여성 호르몬 분비 감소에 따른 갱년기장애, 노화에 따른 신체적 변화로 성욕이 줄어든다.

또 여성은 부부 갈등이나 남성의 일방적 강요가 지속적인 스트레스가 되면서 성행위 의욕이 감소하기도 한다.

그 밖에도 남녀에게 공통되는 권태감이나 가족 관계 변화도 원인이 된다. 자녀의 아버지, 어머니라는 의식이 강해져 상대를 성적 대상으로 여기지 않게 되는 것이다. 정신적 스트레스로 인한 우울증도 성욕 감소로 이어진다고 볼 수 있다.

성욕장애

우선 이 주제 부터

성욕이 저하되고 성적 활동에 대한
의욕이 생기지 않는 상태

남성

발기부전

업무상 스트레스
남성 호르몬 감소

여성

성욕 저하

육아 스트레스
여성 호르몬 감소

출산, 육아는
남녀 모두에게
큰 스트레스니까.

출산을 계기로
섹스리스가 되는
부부가 많아.

응애
응애

성적 흥분 장애

성적 흥분 장애는 성행위 중 아무런 느낌이 없거나 쾌감을 느끼지 못하는 상태를 말한다.

긴장이나 불안, 부부 갈등 같은 스트레스가 원인이기도 하다. 그 밖에도 업무나 육아 스트레스 등 앞서 말한 성욕장애와 공통된 원인이 있다.

또 부부 갈등이 스트레스가 되고 그것이 상대방에 대한 혐오감을 일으켜 쾌감을 거부하기도 한다.

원치 않는 임신에 대한 불안이 여성에게는 스트레스다. 그래서 임신에 대한 불안이 없는 임신 중이나 폐경 후에 오르가슴이나 쾌감을 느끼는 여성도 있다.

오르가슴 장애

오르가슴 장애는 성적 흥분 단계가 지나도 오르가슴에 달하지 못하는 상태를 말한다.

남성의 경우 사정이 힘들거나(지루증), 불가능한 상태로 신체적, 정신적 장애라 할 수 있다.

사정까지의 시간이 길어지는 지루증의 원인은 정신적 긴장, 불안 같은 스트레스와 노화, 발기부전, 성적 활동에 대한 자기 억제적 가치관이 있다.

특히 질내 사정이 어려운 상태를 질내 사정 장애라고 한다. 자위행위로 자극이 강한 사정이 습관화된 경우에 많이 보이는 증상이다. 사정이 불가능한 경우 신체적 장애일 가능성이 크다.

여성은 성적 활동에서 항상 오르가슴을 경험하는 게 아니어서 오르가슴을 느끼지 못하는 일이 흔하다. 오르가슴을 경험하지 못했다고 해서 불임이 되는 게 아니기 때문에 개의치 않는 경향이 있다.

오르가슴에 달했을 때는 쾌감에 집중해야 한다. 하지만 앞서 말한 바와 같이 여성에게는 원치 않는 임신에 대한 불안도 스트레스다. 그래서 자위행위로 오르가슴을 경험하기도 한다.

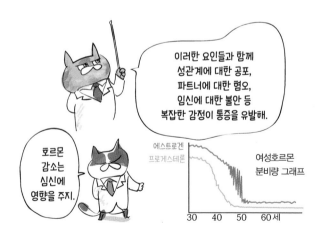

성교통

성교통이란 여성이 성교 시 통증을 느껴 성관계에 어려움을 겪는 상태다.

성교통의 원인은 신체적인 것과 정신적인 것이 있다.

신체적 원인은 노화와 갱년기로 인한 자궁과 질 위축과 질 내 분비액 감소다.

정신적으로는 불안, 긴장, 부부 갈등에서 오는 스트레스, 상대방에 대한 혐오감으로 인한 성욕과 성적 흥분 저하, 그에 따른 질 내 분비액 감소가 있다.

성교통을 경험하면 통증에 대한 불안과 공포가 스트레스로 작용해 악순환이 되풀이된다.

성관계에 대한 불안, 긴장, 공포 때문에 성교 시 무의식중에 질을 수축시키는 거부반응을 일으켜 성교통이 생기기도 한다.

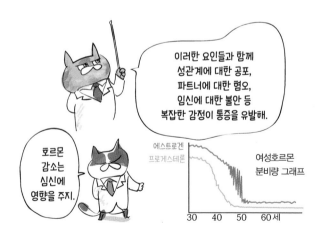

26

스트레스로 인한 발기부전

스트레스로 인한 성 기능 장애 중 남성에게 많이 나타나는 증상은 발기부전(ED)이다. 성관계 중 성기가 충분히 발기하지 않거나 발기를 유지할 수 없어 만족스러운 성적 활동이 어려워진다.

발기부전의 원인에는 정신적 스트레스로 인한 심인성(기능성) 원인, 노화나 질환으로 인한 기질성 원인, 이 두 가지가 합쳐진 혼합형 원인이 있다.

30대 정도까지는 대부분 심인성 원인이다. 40대 이후가 되면 남성 호르몬 저하 등 노화에 따른 신체적 원인인 기질성 원인, 혼합형 원인이 증가한다.

성기가 발기하는 것은 성욕이나 성적 자극에 의해 성기로 대량의 혈액이 유입돼 저장되고 그 상태가 유지되기 때문이다. 이런 과정에 장애가 생기면 성기가 충분히 발기하지 못하거나 발기를 유지할 수 없게 된다.

심인성 발기부전은 긴장, 불안, 업무상의 스트레스로 성욕이 생기지 않거나 성욕은 있지만 발기가 안 되고 발기를 끝까지 유지하지 못하는 등 성적 자극이 제대로 전달되지 않아 생긴다.

한번 심인성 발기부전을 경험하면 성관계를 할 때 발기에 대한 불안이 스트레스로 작용해 악순환에 빠지기도 한다.

한편 기질성 발기부전은 노화에 따른 남성 호르몬 감소, 성인병에서 오는 동맥경화, 고혈압, 당뇨병으로 인해 생긴 성기 내 혈관 손상을 원인으로 본다.

27

스트레스로 인한 노화 촉진

노화는 세포 기능이 떨어지면서 우리 몸 전체 조직이나 기관이 쇠퇴하고 마지막에는 기능을 멈추는 현상이다.

정상적인 세포에는 유전자 수명이 정해져 있어 분열 횟수가 끝나면 더 이상 분열하지 못하고 수명을 다한다.

신경세포처럼 애초에 분열하지 않는 세포도 있지만 이러한 세포들도 점차 소멸한다.

세포 차원에서 보면 인간의 수명은 길어봤자 120세 정도로 추정된다.

스트레스가 이러한 세포 기능을 저하시킨다는 사실이 밝혀졌다.

첫째, 스트레스를 받으면 분비되는 코르티솔 같은 스트레스 호르몬이 면역기능을 떨어뜨린다.

면역기능이 떨어지면 전염병이나 암에 걸리기 쉽고 당연히 우리 몸에도 큰 타격을 준다. 또 고혈압, 당뇨, 불면증 등 스트레스성 질환에도 잘 걸리게 된다.

외모적으로도 피부 윤기가 사라지고 흰 머리가 느는 등 스트레스는 노화를 촉진하는 원인이다.

둘째, 활성산소에 의한 영향이다.

산소는 살아가는 데 있어 필수 불가결한 존재다. 하지만 산소를 마시면 그중 일부가 활성산소로 변해 세포를 공격하거나 대사 기능에 나쁜 영향을 준다. 이것이 산화스트레스다.

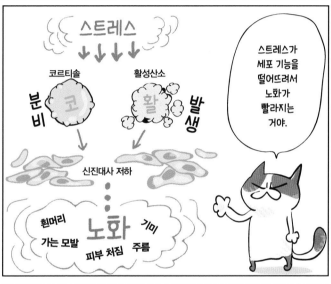

제 4 장

정신적 스트레스 반응

강한 스트레스나 만성 스트레스는 신체뿐 아니라 정신에도 영향을 주
며 우울증을 유발하기도 합니다. 이번 장에서는 스트레스로 인한 정신
적 증상을 설명하고 대표 질환인 우울증과 스트레스의 관계에 대해 자
세히 살펴보겠습니다.

정신적 스트레스성 질환

강한 스트레스나 만성 스트레스에 노출되면 신체뿐 아니라 정신적으로 다양한 증상이 나타난다. 스트레스로 인한 정신적 증상에는 불안, 긴장, 공포, 우울, 초조, 조바심, 짜증 등이 있다.

일시적 스트레스는 스트레스가 사라지면 증상도 완화되고 건강한 상태로 회복된다. 하지만 일시적이라도 강한 스트레스를 받거나 약한 스트레스라고 해도 계속 받으면 만성화된다.

불안이나 우울한 감정에서 빠져나오지 못하는 정신적 증상과 함께 가슴 두근거림, 호흡곤란, 현기증 같은 신체적 증상도 갑자기 나타난다. 그러면 급성 스트레스 장애나 우울증, 불안장애, 적응장애, 공황장애를 겪을 수 있다. 이러한 각각의 증상에 대해서는 뒤에서 자세히 살펴보기로 하자.

정신적 증상은 뇌 속 신경세포에서 분비되며 정보 전달 역할을 수행하는 신경 전달 물질과 깊은 관계가 있다. 희로애락, 쾌감·불쾌감과 같은 정동(情動, affect)이라고 불리는 감정은 주로 뇌 중심 부근 양쪽에 있는 편도체, 시상 하부, 대뇌 활동으로 생성된다. 외부에서 들어온 정보를 바탕으로 편도체, 시상 하부, 대뇌가 조율해서 기쁨, 슬픔 같은 감정이 생겨난다.

그러한 감정을 만들어 내는 정보를 뇌 속에서 전달하는 신경 전달 물질은 노르아드레날린, 도파민, 아드레날린, 세로토닌 등이 있다.

잘 부탁드립니다!

꾸벅

잘해 보자고…!

이번 장에서는 신경 전달 물질의 작용과 신경 전달 물질이 넘치거나 부족할 때 나타나는 스트레스 증상에 대해 살펴볼까요?

급성 스트레스 장애
우울증
불안장애
적응장애
공황장애 등

이런 병 들어본 적 있죠?

넵!

신경 전달 물질이 뭔지 알아보자.

글루탐산
GABA
글리신
아세틸콜린
도파민
노르아드레날린
아드레날린
세로토닌
멜라토닌
엔도르핀
엔케팔린 등

모든 증상에 신경 전달 물질이 깊이 관여하지.

감정과 심리 상태를 결정하는 뇌

같은 스트레스를 받아도 강한 스트레스로 느끼는 사람이 있고 아무렇지도 않은 사람도 있다. 스트레스를 어떻게 인지하느냐에 따라 스트레스 반응도 달라지기 때문이다.

연인에게 차였다고 치자.

자신은 쓸모없는 인간이라고 자책하며 상대를 잊지 못하고 가벼운 우울증 증상을 보이는 사람이 있다. 반대로 지나간 일은 어쩔 수 없다며 깨끗이 단념하고 새로운 인연을 찾아 나서는 사람도 있다.

이처럼 연인에게 차였다는 같은 스트레스를 받았을 때 의기소침해져 우울한 사람과 크게 스트레스로 여기지 않는 사람이 있다. 다시 말해 스트레스 수용 자세가 달라지면 스트레스를 받는 정도가 달라진다는 뜻이다. 특히 정신적 스트레스는 그 경향이 뚜렷하다.

그럼 이러한 정신적 작용은 어떻게 일어나는 걸까?

기쁨, 슬픔, 분노 같은 희로애락이나 쾌감, 불쾌감 같은 감정은 인간의 정신작용과 깊게 연관돼 있다. 넓게 보면 마음의 작용이라 할 수 있다.

감정 즉 마음이 심장, 간, 복부에 있다고 믿었던 시대가 있었다. '가슴이 아프다', '담이 세다', '부아가 치밀다'와 같은 표현이 그 증거다. 현재는 감정이나 마음 같은 정신작용은 뇌에서 비롯한다고 간주한다.

뇌 속에는 약 천억 개 이상의 신경세포(뉴런) 네트워크가 있다. 외부 정보는 전기신호가 돼서 신경세포 내로 전달되고 신경세포는 신경 전달 물질이라는 화학물질을 통해 서로 정보를 교환한다.

이러한 신경세포 네트워크가 다양한 정신작용을 만들어 낸다.

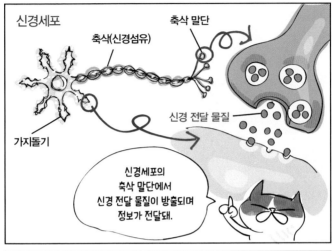

신경 전달 물질이란?

뇌 속에는 천억 개 이상이나 되는 신경세포가 있다. 뇌의 복잡한 활동은 신경세포 네트워크가 담당한다.

신경세포는 직접 연결돼 있지 않고 신경세포와 신경세포 사이에는 상당히 좁은 간극이 있다. 그래서 신경세포 사이에서 정보를 전달하는 신경 전달 물질이라는 화학물질이 필요하다.

일반적으로 신경 전달 물질과 호르몬은 구별해서 사용하지만 신경 전달 물질은 호르몬과 성질이 매우 유사해 대뇌 호르몬이라 부르기도 한다.

호르몬은 내분비 기관(내분비샘)에서 혈액 속으로 분비되지만 신경 전달 물질은 신경세포(뉴런) 말단에서 방출되며 다른 신경세포로 정보를 전달하는 일을 한다.

아드레날린과 노르아드레날린처럼 신경 전달 물질과 호르몬의 양쪽 기능을 모두 수행하는 물질도 있다. 교감 신경과 부교감 신경 말단에서도 노르아드레날린이나 아세틸콜린 같은 신경 전달 물질이 분비돼 정보를 전달한다.

그리고 신경세포 사이에서 전달되는 신경 전달 물질의 종류나 양, 분비되는 뇌 위치에 따라 좋고 싫음, 기쁨과 슬픔, 공포와 분노 같은 감정과 심리 상태가 만들어진다.

신경 전달 물질에는 흥분성과 억제성이 있으며 이들의 균형에 의해 정보 전달과 정신상태가 좌우된다. 그래서 특정 신경 전달 물질 작용이 너무 강하거나 약하면 마음의 균형이 깨져 불안이나 공포가 커지고 기분이 가라앉는 우울증이 생긴다.

뇌 속에는 **천억 개**가 넘는 신경세포가 있어.

천억 개!?

뉴런

신경세포 사이에서 메신저 역할을 하는 신경 전달 물질

뉴런 선단

뉴런 말단

신경 전달 물질

· 신경세포(뉴런)에서 분비되며 다른 신경세포로 정보를 전달하는 화학물질
· 감정과 심리 상태를 만들어 냄

신경 전달 물질은 호르몬과 비슷한 거네.

그치! 뇌 속 호르몬이라고 부르기도 해.

호르몬

· 내분비 기관(내분비샘)에서 혈액 속으로 분비되며 다른 기관으로 정보를 전달하는 화학물질

주요 신경 전달 물질의 작용

신경 전달 물질은 뇌 속에서 다양한 감정을 만들어 내는 일을 한다.

주요 신경 전달 물질을 분류하면 다음과 같다.

구조로 분류하면 신경 전달 물질로 일하는 아미노산 계열, 아미노산에서 만들어진 모노아민 계열, 아미노산이 여러 개 연결된 신경펩티드 계열로 나눌 수 있다.

뇌에 미치는 작용으로 분류하면 흥분성 물질과 억제성 물질로 나뉜다.

주요 신경 전달 물질의 작용

아미노산 (가장 일반적인 신경 전달 물질)
　아미노산 자체가 신경 전달 물질로 작용
　예) 글루탐산 → 대표 흥분성 물질
　　　GABA(감마아미노뷰티르산) → 대표 억제성 물질
　　　글리신 → 억제성 물질

모노아민　아미노산에서 만들어진 물질
　예) 아세틸콜린 → 흥분성. 기억 관련
　　　도파민 → 흥분성. 쾌감, 의욕 관련
　　　노르아드레날린 → 흥분성. 분노, 의욕 관련
　　　아드레날린 → 흥분성. 공포, 의욕 관련
　　　세로토닌 → 정신을 안정시키는 조정역할을 하는 물질
　　　멜라토닌 → 수면 등 생체리듬 관련

신경펩티드　아미노산이 여러 개 연결된 물질
　예) 엔도르핀 → 통증을 완화하고 행복감을 불러일으킴
　　　엔케팔린 → 통증을 완화하고 행복감을 불러일으킴

신경 전달
물질의
종류와
방출되는
양에 따라
다양한
감정이
생긴다.

노르아드레날린

도파민

쾌감
기쁨
공격

불안
공포
분노
의욕

세로토닌

정신 안정
의욕

아드레날린

불안
공포
분노
의욕

정신 안정
이완
스트레스 억제

GABA

심쿵

옥시토신
엔도르핀
세로토닌

이건
사랑의
레시피

신경 전달 물질
양에 따라
'감정'이
결정돼.

꿀팁

아드레날린, 노르아드레날린은
호르몬이자 신경 전달 물질이다.

정신적 스트레스의 대표 '불안'

불안은 정신적 스트레스의 대표주자다. 하지만 누구나 느끼는 자연스러운 감정이다. 사람은 항상 여러 가지 불안과 걱정거리를 안고 산다. 이렇게 누구나 가진 자연스러운 불안을 기본 불안 또는 현실 불안이라고 한다.

적당한 스트레스가 생산성을 높이는 것과 마찬가지로 어느 정도의 불안은 인간이 성장하는 데 필요하다는 견해도 있다. 왜냐하면 불안은 인간 특유의 감정이기 때문이다. 인간 이외의 동물도 두려움을 느끼지만 인간 같은 불안은 느끼지 못한다고 한다.

공포는 대상이 명확해 대상이 사라지면 공포도 사라진다. 그리고 공포의 대상이 되는 원인도 비교적 단기간에 사라지는 경우가 많다.

한편 불안에는 대상과 원인이 명확한 경우와 막연하고 모호한 경우가 있다.

불안의 대상과 원인이 명확한 경우 대상이 사라지면 불안도 해소된다. 하지만 현실적으로 불안의 대상과 원인이 명확해도 바로 떨쳐버릴 수 없거나 불안의 원인 자체가 막연해 답답한 경우도 많다. 그렇게 되면 항상 불안에서 벗어나지 못한다.

그 결과 심신에 다양한 스트레스성 질환이 나타나는데 정신질환으로는 불안장애(불안신경증)와 우울증이 있다.

불안을 느끼는 이유

동물이 선천적으로 타고난 본능적 감정을 정동(情動, affect)이라 부른다. 불안과 공포는 우리 삶에서 중요한 정동이다. 왜냐하면 불안과 공포를 느끼는 상황이 때로 생명의 위험을 동반하기 때문이다.

불안과 공포 같은 정동은 뇌 중심 부근 양쪽에 있는 편도체에서 생성된다.

정신적 스트레스를 받으면 자극은 편도체로 전달된다. 편도체 안에서 불안과 공포에 반응하는 신경세포가 기억과 대조한 후 신경 전달 물질을 통해 정보를 뇌 속으로 전달해 불안과 공포 같은 감정이 생겨난다.

흥분성 신경 전달 물질인 노르아드레날린과 아드레날린 활동이 증가하는 데 반해 이를 억제하는 세로토닌과 GAPA(감마아미노뷰티르산) 활동이 약해지면서 불안과 공포의 감정이 생긴다.

그리고 노르아드레날린 작용이 과도하게 활성화되면 공황장애를 겪을 수 있다.

세로토닌은 감정을 안정된 상태로 유지하는 데 중요한 역할을 하는 신경 전달 물질로 세로토닌 활동 저하가 우울증 원인 중 하나다.

이러한 뇌 속 반응과 동시에 편도체에서 시상 하부로 정보가 전달되면 시상 하부는 자율 신경계와 하수체에 지령을 보내 부신 피질과 부신 수질에서 코르티솔과 아드레날린, 노르아드레날린 같은 스트레스 호르몬을 분비해 우리 몸에 스트레스 반응을 일으킨다.

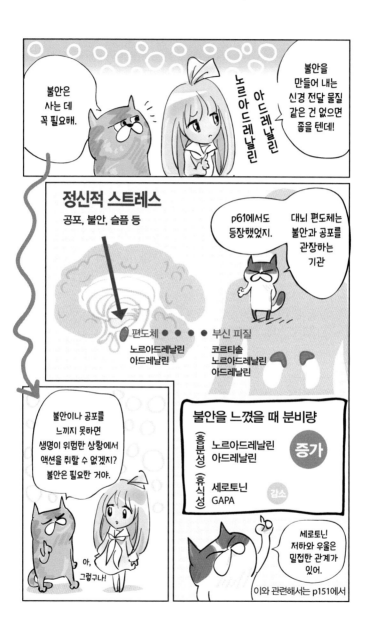

불안은 사는 데 꼭 필요해.

불안을 만들어 내는 신경 전달 물질 같은 건 없으면 좋을 텐데!

노르아드레날린

아드레날린

정신적 스트레스

공포, 불안, 슬픔 등

p61에서도 등장했었지.

대뇌 편도체는 불안과 공포를 관장하는 기관

편도체 ● ● ● ● 부신 피질
노르아드레날린　　코르티솔
아드레날린　　　　노르아드레날린
　　　　　　　　　아드레날린

불안이나 공포를 느끼지 못하면 생명이 위험한 상황에서 액션을 취할 수 없겠지? 불안은 필요한 거야.

아, 그렇구나!

불안을 느꼈을 때 분비량

(흥분성) 노르아드레날린　아드레날린　　**증가**

(휴식성) 세로토닌　GAPA　　감소

세로토닌 저하와 우울은 밀접한 관계가 있어.

이와 관련해서는 p151에서

스트레스로 인한 불안장애

불안이라는 스트레스를 계속 받으면 약한 스트레스에도 불안을 느끼거나 강한 불안을 반복해서 느끼게 된다. 이는 병적 불안(신경증적 불안)으로 불안장애(불안신경증)라고 불리는 질환이다.

불안장애에는 급성 공황장애와 만성 불안장애(전반성 불안장애)가 있다.

공황장애는 갑자기 가슴 두근거림이나 호흡곤란, 현기증, 발한 같은 증상이 나타나는 것이다. 심할 때는 그 자리에서 죽을 것 같은 공포에 휩싸인다. 한번 공황장애를 경험하면 같은 발작이 일어나지 않을까 하는 불안에서 빠져나오지 못하는 상태(예기불안)가 된다. 그래서 작은 불안이 방아쇠가 되고 호흡곤란, 심장 두근거림 같은 스트레스 발작을 일으킨다.

그 밖에도 정신적 불안과 공포를 느끼는 질환에는 강박성 장애(강박성 신경증), 건강염려증, 공포증이 있다.

강박성 장애는 특별한 이유 없이 불안한 나머지 동일 행동을 반복적으로 하는 증상이다. 이를테면 손을 계속해서 씻는다든지 집을 나와서도 문을 안 잠근 것 같아 여러 번 집으로 돌아가 확인하기도 한다.

건강염려증은 자신이 병에 걸린 건 아닐까 하는 불안에서 헤어 나오지 못하는 증상이다. 위가 조금만 아파도 '암에 걸렸나?' 하는 불안에 사로잡힌다.

공포증은 특정 장소나 물건에 대해 불안과 공포를 느끼는 증상이다. 주로 높은 장소에서 불안을 느끼는 고소공포증, 좁고 폐쇄된 공간에서 불안을 느끼는 폐소공포증, 자신에게 익숙하지 않은 공공장소에서 불안을 느끼는 광장공포증, 낯선 사람과 만나거나 다른 사람 앞에 서야 하는 일에 불안을 느끼는 사회공포증(사회 불안장애) 등이 있다.

강한 스트레스가 일으키는 스트레스 장애

강한 스트레스를 받으면 스트레스 장애라고 불리는 증상이 나타난다. 대표적으로 급성 스트레스장애나 외상 후 스트레스장애(PTSD), 적응장애가 있다.

급성 스트레스장애나 외상 후 스트레스장애는 대지진이나 화재 같은 재해나 사고, 범죄, 학대, 전쟁 등 생명과 직결된 강한 스트레스를 받아 마음에 깊은 상처가 생겨 나타나는 증상이다.

이러한 마음의 상처를 심리적 외상(트라우마)이라고 한다.

강한 스트레스를 받고 증상이 나타난 후 한 달 전후로 증상이 가라앉으면 급성 스트레스장애, 한 달 이상 지나도 증상이 계속되면 외상 후 스트레스장애로 구분한다.

양쪽 다 강한 불안과 공포를 떨쳐내지 못해 무관심과 무력감에 빠지거나 체험한 악몽이 되살아나는 플래시백 등을 겪는다.

외상 후 스트레스장애가 발병할 정도의 강한 스트레스를 받으면 스트레스 호르몬 코르티솔의 영향으로 뇌 내에서 기억을 관장하는 해마의 신경세포가 파괴되고 위축된다고 한다.

적응장애는 당사자에게 강한 스트레스를 일으키는 특정 상황과 사건이 원인으로 우울감, 불안이 커지는 증상이다.

스트레스 원인이 명확한 경우가 많아 원인이 사라지면 증상은 개선되지만 스트레스가 만성화되면 우울증이나 불안장애 등 일상생활에 지장을 초래하는 증상으로 발전하기도 한다.

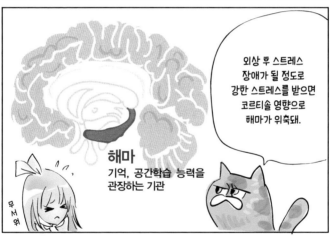

145

스트레스와 우울증

우울증은 대표적인 정신 스트레스성 질환이다.

우울증을 '마음의 감기'라고 표현하듯이 누구나 걸릴 수 있다. 특히 미래가 불투명하고 스트레스나 불안이 넘쳐나는 현대 사회에서 우울증을 겪는 사람이 늘고 있다.

일시적으로 기분이 가라앉거나 우울해지는 일은 흔하다. 실패하거나 슬퍼서 침울해지고 의욕이 생기지 않는 일도 비일비재하다. 그래서 단순한 일시적 우울감인지 진짜 우울증인지 분간하기 어렵다.

일시적 우울감과 우울증의 가장 큰 차이는 지속 기간과 신체 증상이다.

우울증에 걸리면 2주 이상의 장기간동안 거의 매일 같이 기분이 심하게 가라앉고 우울감, 불안, 무력감이 계속된다.

신체적으로도 다양한 증상이 나타난다. 수면장애, 권태감이나 피로감, 두통, 식욕과 성욕 저하 같은 증상이다.

이는 앞서 언급한 스트레스로 인한 자율 신경 실조증 증상이기도 하며 방치하면 우울증으로 발전할 수 있다.

또 스트레스 장애와 불안장애는 우울증을 동반하는 경우가 많다.

10

우울증에 걸리는 원인

우울증에 걸리는 원인을 세 가지로 정리해 볼 수 있다.

첫째, 체질적, 유전적으로 우울증에 걸리기 쉬운 사람이 발병하는 사례로 내인성 우울증이라고 한다. 특별한 이유 없이 우울증에 걸리는 경우와 정신적 스트레스로 인해 우울증에 걸리는 경우가 있다.

둘째, 정신적 스트레스나 환경 변화가 직접적인 계기가 돼서 발병하는 심인성 우울증이다.

셋째, 다른 질환이나 복용 중인 약으로 인해 발병하는 신체인성 우울증이다.

신체인성 우울증의 원인이 되는 질환에는 뇌경색 후유증, 갱년기장애, 알츠하이머형 치매, 여성의 경우 생리 전 증후군이 있다.

일반적으로 여성이 남성보다 우울증에 쉽게 걸린다고 한다. 생리나 임신, 갱년기 등 여성 호르몬 분비의 균형이 깨지면서 우울증에 노출되기 쉽기 때문이다.

내인성 우울증이나 심인성 우울증에 걸리는 원인은 만성 스트레스나 불안 등 다양한 요인이 얽혀있다고 보고 있지만 아직 명확히 밝혀지지 않았다.

하지만 우울증에 효과가 있는 약의 작용으로 미루어 보면 신경 전달 물질인 세로토닌이나 노르아드레날린의 활동 저하나 불균형이 우울증과 관련 있다고 본다. 세로토닌에는 정신을 안정시키는 작용, 적당한 양의 노르아드레날린에는 의욕을 높이는 작용이 있기 때문이다.

노르아드레날린이 과잉 분비되면 불안과 공포를 느끼는 불안장애를 일으킬 수 있다. 다시 말해 호르몬이 균형 있게 작동해야 정신이 안정되고 의욕도 생긴다는 뜻이다. 그래서 우울증 치료제는 세로토닌과 노르아드레날린의 활동을 높이는 게 주된 역할이다.

선천적으로 타고난 스트레스와 불안에 대한 내성, 성격에 따라 우울증에 잘 걸리는 사람과 그렇지 않은 사람이 있다. 예를 들어 성실하고 책임감이 강한 사람일수록 우울증에 쉽게 걸린다고 한다.

11

스트레스와 세로토닌의 관계

스트레스로 인한 정신적 장애와 신경 전달 물질 세로토닌은 밀접한 관계가 있다.

세로토닌은 뇌간의 솔기핵(raphe nucleus)이라는 신경세포 무리에서 뇌전체에 퍼져 있는 세로토닌 신경계에 의해 제어된다. 뇌간은 대뇌 아래, 뇌가장 안쪽에 위치한 부분으로 심장 박동, 호흡 같은 생명 유지 활동을 담당하는 중추 기관이다.

세로토닌은 위치에 따라 흥분성과 억제성으로 작동한다. 노르아드레날린과 도파민 등 흥분성 신경 전달 물질의 작용을 조절하고, 과잉 불안이나긴장, 흥분을 억제해 심리 상태를 안정시켜 뇌를 활성화하는 일을 한다.

스트레스를 계속 받으면 세로토닌 기능이 저하된다.

그러면 안정감을 잃고 초조해져 충동적, 공격적으로 변하거나 우울증과불안장애 증상이 나타나기도 한다.

그 밖에도 세로토닌은 수면, 각성, 식욕, 섭식장애, 성욕에 관여한다고 보고 있다. 특히 수면, 각성 같은 생활 리듬 활동에 중요한 역할을 한다고 알려져 있다.

뇌 속 신경 전달 물질로 일하는 세로토닌은 체내에 있는 세로토닌 전체의 약 2%에 지나지 않는다.

실제 세로토닌의 약 90%는 장과 같은 소화관에 존재하며 소화관 운동을조절한다. 또 약 8%의 세로토닌은 혈액 속 혈소판에 존재하며 지혈 작용을한다.

거의 모든 스트레스 장애와 밀접한 관계가 있는 신경 전달 물질 세로토닌을 파헤쳐 보자.

반대!

세로토닌은 긴장, 불안, 흥분을 억제해서 마음을 안정시키는 물질이야.

세로토닌이 사람들 마음에 나쁜 일을 해?

용서 못 해

세로토닌의 작용

수면 리듬 정돈
식욕 촉진
성욕 제어
기분 안정
이완

수면 리듬, 식욕... 역시! 세로토닌이 부족하면 기본 생활 리듬이 깨져 마음의 병이 생기는군요.

스트레스를 받으면 세로토닌 분비가 저하 돼.

그렇 습니다!

151

12

세로토닌과 생체리듬

스트레스로 세로토닌 작용이 저하되면 불면증, 우울증, 불안장애가 생길 수 있다.

세로토닌은 수면, 각성 같은 생체리듬 활동에서 중요한 역할을 담당한다.

아침에 잠에서 깨고, 밤에 잠드는 생체리듬을 일주기 리듬(Circadian rhythm)이라고 한다. 이는 시상 하부의 시교차 상핵에 있는 생체 시계가 조절한다.

신기하게도 인간의 생체 시계 주기는 약 25시간으로 설정돼 있다. 이때 발생하는 시간 차이는 아침 해를 받으며 24시간으로 수정된다. 그래서 아침에 충분한 햇빛을 받지 못하거나 한낮에 일어나면 그날의 생활 리듬이 틀어지게 된다.

세로토닌은 수면과 각성 리듬을 조절하는 신경 전달 물질이다.

아침에 일어나서 햇빛을 받으면 수면 중에는 휴지상태였던 세로토닌 신경계가 활동하기 시작하며 세로토닌을 분비한다. 세로토닌은 뇌를 각성하는 일을 한다.

동시에 노르아드레날린 같은 흥분성 신경 전달 물질도 분비되며 본격적으로 활동을 시작한다.

아침에 개운하게 일어날 수 있는 것은 세로토닌이 제대로 활동하기 때문이다. 반대로 세로토닌 활동이 저하되면 개운하게 일어날 수 없거나 뇌가 제대로 활동하지 못한다.

수면에 필요한 세로토닌과 멜라토닌

세로토닌은 낮 동안 계속 분비되며 흥분성 신경 전달 물질인 노르아드레날린과 도파민 활동을 제어하면서 안정된 정신상태를 유지하게 한다.

세로토닌을 통해 수면 호르몬이라고 불리는 멜라토닌이 생성되고, 멜라토닌은 뇌간에 있는 송과체에서 분비된다.

어두워지면 멜라토닌 분비량이 증가하고 세로토닌 분비량은 감소한다. 멜라토닌은 뇌의 흥분을 진정시켜 체온을 낮추고 수면을 유도하는 일을 한다.

수면 호르몬 멜라토닌은 세로토닌을 통해 생성되기 때문에 낮에 충분한 양의 세로토닌이 분비되지 않으면 멜라토닌 분비량도 감소한다.

멜라토닌 양이 적으면 잠들지 못하거나 잠을 깊게 자지 못하는 수면장애를 일으킬 수 있다. 세로토닌 감소로 유발되는 우울증에서 수면장애가 자주 발생하는 것도 이 때문이다.

수면 중에 분비되는 멜라토닌은 체내 활성산소를 제거하는 항산화 작용과 정상 세포가 암세포로 변하지 않도록 막는 항암 작용을 한다. 또 수면 중에는 성장 호르몬이 분비되면서 체내의 고장 난 세포를 수리하거나 면역력을 높이는 일도 한다.

이처럼 수면은 건강을 유지하는 데 있어 필수 불가결한 활동이다.

아침이 오면 멜라토닌 분비량이 감소하고, 세로토닌 분비가 시작되면서 우리는 잠에서 깨어난다.

수면 호르몬
멜라토닌은
세로토닌을 통해
만들어져.

아침

햇빛을 받으며
세로토닌 분비를
촉진한다.

낮 동안 세로토닌이
제대로 분비되지 않으면
멜라토닌이 생성되지 않아
밤이 돼도
잠들 수 없어.

저녁

세로토닌을 통해
멜라토닌이 생성된다.

새근...

밤

멜라토닌이
뇌의 흥분을
진정시키고
체온을 낮춰
수면을 유도한다.

155

14

리듬운동으로 세로토닌 분비 촉진하기

스트레스로 인한 세로토닌 감소를 막으려면 낮 동안 세로토닌 신경계를 활성화하는 게 중요하다.

세로토닌 신경계를 활성화하는 방법은 우선 아침에 일어나 햇빛을 듬뿍 받는 것이다. 아침에 햇빛을 받으면 세로토닌 분비가 시작되고 생체 시계도 재설정된다.

또 리듬감 있는 운동을 하면 세로토닌 신경계가 활성화된다고 한다.

리듬감 있는 운동이란 일정하게 리듬을 쪼개며 움직이는 활동을 말한다. 예를 들어 걷기나 조깅, 리듬감 있는 체조나 댄스가 있다. 몸을 움직이는 게 귀찮다면 규칙성 있는 복식호흡도 도움이 된다.

음식물을 씹는 행위도 리듬운동이다. 따라서 아침밥을 먹을 때 꼭꼭 씹어서 먹으면 세로토닌 신경계가 활성화된다.

좋아요!

세로토닌을 늘리자고요~

식품으로 트립토판을 보충한다.

아침 햇살을 맞으며
리드미컬한 운동,
걷기

아침 식사를 제대로 챙겨 먹으면 위장이 활동하며 생체 시계가 원활하게 재설정된다.

씹는 행위는 집중력 향상으로 연결되며 껌을 씹는 것도 효과적이다.

이처럼 우울증 예방과 개선에 걷기나 조깅 등 가벼운 리듬운동이 효과적이라는 사실은 잘 알려져 있다.

충분한 햇빛을 받으며 걷거나 뛰는 아침 운동은 세로토닌 신경계를 활성화하는 데 안성맞춤이다.

세로토닌은 필수 아미노산인 트립토판에 의해 생성된다. 트립토판은 체내에서 생성되지 않아 식품을 통해 보충해야 한다. 특히 많이 함유된 식품은 육류, 낫토, 아몬드, 유제품 등이다.

세로토닌을 효율적으로 생성하기 위해 비타민 B6 등 비타민류를 균형 있게 섭취하기를 권한다.

15

스트레스성 질환에 걸릴 확률이 높은 성격

미국의 심장 전문의 메이어 프리드먼(Mayer Friedman)과 로이 로젠만(Roy H Rosenman)이 1950년대 후반에 정립한 행동 패턴과 질병과의 관계는 성격과 스트레스 관련해서 유명한 이론이다.

두 의사는 심장질환 외래 대기실 의자의 앞 가장자리만 닮는 이유가 궁금했다. 그래서 대기실에서 기다리는 심장병 환자를 관찰했는데, 환자 가운데 가만히 있지 못하고 호명되면 바로 일어날 수 있게 의자 앞에 걸터앉은 사람이 많다는 사실을 알게 되었다.

이를 계기로 조사한 결과 특정 성격과 행동패턴을 가진 사람이 스트레스로 인한 협심증과 심근경색 등 심장질환에 걸릴 확률이 높다는 사실을 알게 되었다. 이와 같은 성격과 행동패턴을 보인 사람을 A형 행동 유형이라고 명명했다.

A형 행동 유형의 특징은 매사에 열심히 활동하고 목표 달성 의지나 경쟁심이 강하며, 공격적이고, 때로는 적대적이다. 그리고 시간에 쫓긴다는 강박 때문에 짜증을 내거나 초조해한다.

후속 연구를 통해 적대감과 분노의 감정이 강한 사람일수록 심장병과 연관성이 높다는 사실이 밝혀졌다.

이는 스트레스로 교감 신경이 항상 우위에서 작동하며 아드레날린과 노르아드레날린 분비량이 증가해 심장 관련 질환에 걸릴 확률이 높아졌기 때문이라고 짐작해볼 수 있다.

A형 행동 유형은 좋게 말하면 열혈 사원 또는 성공한 사람의 표본이라 할 수 있지만 다르게 표현하면 스스로 스트레스를 만드는 행동 유형이다.

그리고 이와 반대되는 성격과 행동패턴을 B형 행동 유형이라고 부른다.

　B형 행동 유형의 특징은 자기만의 속도로 나아가고 느긋하며, 목표 달성 의지나 경쟁심도 약하고, 공격성과 적대감을 품는 일도 적었다.

16

스트레스로 암에 걸릴 확률이 높은 성격

A형, B형 행동 유형 이외에도 C형 행동 유형이 있다.

C형 행동 유형은 스트레스가 원인으로 암에 걸릴 확률이 높은 성격, 행동 유형이다.

C형 행동 유형의 특징은 긴장, 불안, 분노 등의 감정을 겉으로 드러내지 않는다. 말수가 적고 자기주장도 약하며, 주변 사람들에게 맞추려는 성향이 강하다. 성실하고 꼼꼼해 주변 사람들로부터 긍정적 평가를 받는다.

하지만 C형 행동 유형은 참으며 속으로 스트레스를 쌓아 둔다. 스트레스로 인해 면역력이 떨어지면서 암에 걸릴 확률이 높아지는 것은 아닐까 추측해 볼 수 있다.

스트레스로 면역력이 떨어지는 것은 앞서 말한 바와 같이 부신 피질에서 분비되는 스트레스 호르몬 코르티솔에 면역력을 억제하는 작용이 있기 때문이다.

면역력이 떨어지면 평상시라면 제거될 암세포가 살아남거나 암 진행 속도가 빨라질 수 있다. 특히 암세포를 공격하는 핵심 존재인 자연 살해 세포(NK세포)의 활성이 저하되고 수가 감소한다.

이러한 유형과 질환의 관계는 성격과 행동 패턴을 바꿈으로써 질환으로 이어질 위험을 줄일 수 있다. 스트레스를 과하게 받는 행동이나 스트레스를 쌓아 두는 행동을 가급적 피해야 한다.

C형

A형, B형 이외에 '암에 걸릴 확률이 높은' C형이 있어.

쿠―웅

여보...

어째!

100% 내 얘기군!

분노 같은 감정을 드러내지 않고 성실하고 꼼꼼하며 자기주장이 약해. 주위 사람들에게 맞추고 실수 없이 일을 처리해 좋은 평가를 받는 유형.

무의식중에 **참으며** 스트레스를 쌓는 유형

걱정 끼쳐 미안... 스트레스를 쌓아두지 않을게요.

그래요.

으앙, 아빠!

비관하지 말기를...

성격이나 행동패턴을 의식적으로 바꾸면 암에 걸릴 위험을 줄일 수 있으니까...

161

제 5 장

스트레스 대처법

스트레스를 안 받을 수는 없지만 스트레스 수용 자세나 대처법에 따라 스트레스 반응 정도나 영향을 줄일 수 있습니다. 이 책의 마지막 장에서는 스트레스 대처법을 소개합니다. 여러분도 꼭 실천해 보시길 바랍니다.

대처법에 따라 달라지는 스트레스

스트레스 없는 삶을 살 수는 없다.

게다가 스트레스를 극복하기란 매우 어려운 일이다. 그렇다면 스트레스와 마주하고 스트레스의 영향을 덜 받도록 노력할 수밖에 없다. 스트레스를 능숙히 다루면 적당한 스트레스는 생산성을 높이고 의욕을 북돋아 주는 원동력이 된다.

여러 번 말했듯이 같은 스트레스에 노출돼도 스트레스 반응은 개인마다 다르다. 동일 인물이라도 상황, 처지, 연령에 따라 스트레스 반응이 달라진다.

즉, 스트레스를 전혀 안 받을 수는 없지만 스트레스 수용 자세나 대처법에 따라 스트레스 반응 정도나 영향을 줄일 수 있다는 뜻이다.

스트레스를 받았을 때 먼저 어떤 식으로 수용하느냐(인지적 평가)에 따라 스트레스 반응이 결정된다. 또 처음 경험한 스트레스에 어떤 식으로 대처하느냐에 따라 스트레스 반응이 달라진다. 이와 같은 행동을 스트레스 대처 행동이라고 한다.

예를 들어 상사에게 주의를 받았을 때 '나는 쓸모없는 인간이야.'라며 후회하고 자책하는 경우와 '앞으로 같은 실수를 저지르지 말자.'고 긍정적으로 받아들여 지난 실수는 잊고 다음 과제에 집중하는 경우, 스트레스 반응은 크게 다르다.

이처럼 스트레스는 어떻게 인지 평가하고 어떠한 대처 행동을 취하느냐에 따라 줄어들 수도 있고 반대로 원래보다 무거운 짐이 될 수도 있다.

기다렸어요!

드디어 마지막 장!
스트레스를
능숙하게 다루는
기술을 익혀 보자고!

기분
생산성

빼리빼리

p19과 p87에
등장했던 그래프

낮은 스트레스 적당한 스트레스 과도한 스트레스

스트레스 강도   강함

스트레스를 잘 요리해
최고의 결과를 내기 위한
원동력으로 만들자!
이런 각오로 가볼까요?

대처 행동

즉각 효과가
나타나는 방법,
신중하게
접근해야
하는 방법,
지금부터
소개하지!

바싹

스트레스에 대한
수용 자세, 대처법에 따라
몸과 마음에 나타나는
증상이 달라져.

올바른 대처 행동을 익혀
스트레스를 줄여 보자고!

2

눈물을 흘려 스트레스 해소하기

눈물과 스트레스 관련 연구가 화제를 모았다. 감정이 격양됐을 때 흘리는 눈물은 스트레스 해소에 효과적이라는 내용이다.

영화를 보고 감동하거나 감정이 격양됐을 때 눈물을 흘리면 속이 후련해지는 경험은 누구나 있을 것이다. 또 감당하기 어려운 일과 마주했을 때 실컷 울고 나면 마음이 차분해진다. 정서적 눈물을 흘리면 스트레스가 완화되며 긴장이 풀리기 때문이다.

눈물의 목적은 세 가지다.

첫째, 눈을 보호하기 위한 목적이다. 눈은 바깥공기와 접촉하기 때문에 건조나 세균으로부터 보호하기 위해 항상 일정량의 눈물을 분비한다.

둘째, 양파 껍질을 벗기거나 이물질이 들어갔을 때 흘리는 반사적 눈물이다.

셋째, 슬픔과 감동으로 감정이 격양됐을 때 흘리는 정서적 눈물이다. 정서적 눈물은 인간 특유의 산물이다.

일반적으로 스트레스를 받으면 교감 신경이 활성화된다. 그리고 체내에서 스트레스 호르몬이라고 불리는 코르티솔이 분비된다.

슬픔과 감동 같은 감정이 커지면 부교감 신경이 활성화되면서 눈물이 나온다. 즉, 부교감 신경은 우리 몸의 긴장을 해소하고 이완을 유도하는 일을 한다.

또 눈물을 통해 스트레스 호르몬도 배출된다. 눈물을 흘리는 행위는 단숨에 긴장을 해소하는 데 효과적이다. 그 결과 심신의 스트레스가 완화되며 마음이 안정된다.

그러니 울고 싶을 때는 억지로 참지 말고 마음껏 우는 게 스트레스 해소에 도움이 된다.

부
슬픔

슬픈 감정에 빠지면
부교감 신경이 활성화되면서
눈물이 나온다.

교 스트레스

스트레스를 받으면
교감 신경이 활성화되면서
코르티솔이 분비된다.

다 큰 어른이
어떻게...

왈~칵

스트레스로
감정이
격해지면
참지 말고
눈물을 흘려.

마음껏
울어요!

그래야
겠지.

손수건
한 뭉치

코르티솔 이외의
스트레스 호르몬

눈물과 함께
코르티솔이
배출돼.
놀랍지!

허~

167

웃으며 스트레스 풀기

친한 친구들과 술을 마시거나 예능 프로그램을 볼 때 나도 모르게 소리 내서 웃을 때가 있다.

웃음은 우리 몸의 긴장을 이완시켜 스트레스를 발산하는 데 효과적이다. 웃으면 마음도 편해지고 면역력도 높아진다. 그래서 평상시 많이 웃는 사람일수록 스트레스를 덜 받는다고 한다.

그리고 웃음은 대인관계 개선에 도움을 준다. 무뚝뚝하고 심기 불편해 보이는 사람보다 웃는 사람에게 편하게 다가갈 수 있기 때문이다.

즐겁고 재미있어서 웃는 건 당연하다. 웃으면 안 되는 상황에서 웃으면 이상한 사람 취급당하기 쉽다.

최근 '웃으니까 즐거워진다.'는 연구 결과가 나왔다.

행동이 감정을 만들어 낸다는 뜻이다. 즐거워서 웃는 건 당연하지만 반대로 웃기만 해도 즐거워진다.

행동이 계기가 돼서 세로토닌, 도파민, 노르아드레날린 등 의욕과 쾌감을 관장하는 신경 전달 물질 분비가 촉진되기 때문이다.

특별히 즐겁지 않아도 미소를 지으면 마음이 편안해지고 기분도 좋아진다. 억지웃음도 진짜 웃음과 같은 효과가 있다는 뜻이다.

속는 셈 치고 신나게 웃어 보자. 소리 내서 내면 깊숙한 곳에서 웃음을 끌어내면 더 효과적이다.

이렇게만 해도 스트레스 호르몬 코르티솔이 감소한다고 한다.

이런 효과는 웃음에만 국한되지 않는다. 허리에 양손을 대고 가슴을 쭉펴 자신감 넘치는 자세를 취해보자.

손을 쥐었다 폈다 하는 등 신체 일부를 움직이거나 양손 주먹을 힘 있게 쥐어 근육을 긴장시키면 의욕과 집중력을 끌어올릴 수 있다.

4

스트레스 대처법

스트레스 대처법에 따라 스트레스 반응과 스트레스로 인해 나타나는 영향이 달라진다. 스트레스를 완전히 없앨 수는 없지만 적절히 대응하면 줄일 수 있다.

여기서는 스트레스와 마주하는 방법과 스트레스 대처법을 정리해 보도록 하겠다.

◆**스트레스와 거리를 둔다.**

스트레스를 만들어 낸 원인을 규명한다. 그리고 원인을 제거하거나 줄이도록 노력한다.

◆**왜곡된 인지를 수정한다.**

스트레스 수용 자세와 사고방식이 지나치게 부정적이지는 않은지 극단적으로 치우쳐져 있는 건 아닌지 체크해 객관적 방향으로 수정한다.

◆**신체를 이완시킨다.**

스트레스를 받으면 몸과 마음에 다양한 반응이 나타난다. 과잉 반응을 막으려면 몸과 마음의 긴장을 푸는 것이 중요하다.

◆**몸을 움직여 스트레스를 푼다.**

운동을 하거나 취미에 몰두하며 스트레스를 푼다.

◆**주변의 도움을 받는다.**

도움을 요청하거나 고민을 털어놓을 수 있는 상대가 있으면 스트레스를 줄일 수 있다.

5

스트레스가 적은 환경 조성하기

어떤 문제든 간에 문제를 해결하는 방법은 원인을 규명해 제거하는 것이다.

스트레스도 마찬가지다. 스트레스 영향을 받지 않으려면 스트레스 원인을 규명해 제거하거나 스트레스 영향을 축소해야 한다.

이게 말로는 쉽지만 현실적으로 만만치 않은 일이다.

업무상 스트레스를 받지 않는 사람은 없다. 그렇다고 회사를 쉽게 그만둘 수도 없다.

물론 스트레스를 너무 심하게 받아서 이대로 있다간 몸과 마음이 망가질 수도 있다고 판단하면 이직을 고려해야 한다. 과로사나 자살 같은 최악의 사태를 피하려면 필요한 선택이다.

하지만 실직하면 오히려 그게 스트레스가 되기도 하고 이직한 직장에서도 새로운 스트레스가 기다리고 있을 것이다. 결국 어느 스트레스가 더 나을까 하는 선택의 문제다.

스트레스를 회피하는 것은 마지막 선택지로 남겨두고 우선 지금 상황에서 조금이라도 스트레스를 줄일 방법을 모색해야 한다. 주위 환경을 개선하는 것도 방법이다.

업무상 스트레스라면 '휴가를 늘리고 잔업을 줄인다. 뭐든 혼자 해결하려 하지 않는다. 다른 사람의 도움을 받을 수 있으면 지원을 요청한다. 인간관계를 원만히 한다.'와 같은 방법이 있다.

가능한 일부터 하나씩 실행하자.

6

스트레스를 키우는 사고 멈추기

스트레스를 어떻게 수용하느냐(인지적 평가)에 따라 스트레스 반응과 크기를 줄일 수 있다. 그럼 구체적으로 어떻게 해야 할까?

핵심은 스트레스에 대한 수용 자세와 사고방식이 지나치게 부정적이지는 않은지 극단적으로 치우쳐져 있지는 않은지 체크해 객관적으로 수정하는 것이다. 이는 정신 신체 의학 분야에서 실제로 통용되고 있는 인지행동치료라는 치료 방법이다.

스트레스에 취약한 사람은 모든 일을 왜곡된 사고로 바라보는 경향이 있으며 필요 이상으로 부정적 사고를 한다. 그 결과 스트레스도 커진다. 가령 한번 실수한 걸로 인생 자체가 끝난 것처럼 행동하거나 한번 실연당한 걸 가지고 모든 인간성을 부정하며 누구와도 사귀지 않겠다고 다짐한다.

이와 같은 스트레스를 키우는 부정적 사고를 멈추고 긍정적 사고로 전환하도록 노력해야 한다. 실수하거나 실연당했다고 인생이 끝난 것도 두 번 다시 연애를 못하는 것도 아니다.

실수했다고 끙끙대지 말고 같은 실수를 반복하지 않겠다고 마음을 다잡자. 상대방과 잘 맞지 않아서 헤어진 것이지 본인이 보잘것없는 사람이어서가 아니다. 더 좋은 만남이 기다리고 있을 것이다.

즉, 부정적 사고의 원인이 되는 왜곡된 사고를 명확히 규명하고 객관적이고 냉철하게 사고하도록 노력해야 한다.

175

7

왜곡된 사고 명확히 규명하기

스트레스를 부정적으로만 받아들이면 스트레스의 영향력은 더욱 커진다. 부정적이고 왜곡된 사고(인지적 왜곡)에는 몇 가지 패턴이 있는데 우리는 이를 자각하지 못하고 행동하는 경우가 많다. 구체적으로 보면 다음과 같다.

인지적 왜곡의 대표 패턴

· 모든 일을 흑 아니면 백으로 판단한다.(이분법적 사고, 완벽주의)

· 항상 그렇다고 생각한다.(과잉 일반화)

· 부정적 부분만 초점을 둔다.(정신적 여과)

· 긍정적인 면을 무시한다.(긍정 격하)

· 부정적으로만 예측한다.(비약적 결론)

· 모든 일을 확대하거나 축소한다.(극대화와 극소화)

· 감정을 진짜라고 판단한다.(감정적 추리)

· '반드시 ～ 해야 한다.'라는 식으로 생각한다.(당위적 사고)

· 부정적인 이미지를 만들고 단정 짓는다.(낙인찍기)

· 자기 책임으로 돌린다.(개인화)

왜곡된 사고패턴 여러 개가 동시에 작동할수록 스트레스는 커진다.

스트레스를 줄이기 위해서는 우선 본인이 왜곡된 사고를 하는 경향이 있다는 사실을 자각하고 그렇게 사고하지 않도록 노력해야 한다.

◆스트레스의 원인과 상황은?

예) 업무상 실수로 상사에게 주의를 받음

근무태도 때문에
상사한테 주의를
들었어요…
이번 달만 벌써
두 번째예요…

◆어떻게 느꼈고, 어떤 생각이 들었나요?

예) 한심하다.
무능력하다.
뭘 해도 잘 안된다.
상사는 나를 싫어한다.

휴우…

왜 나만…
어차피
상사는 나를
싫어하니까…

◆어떤 행동을 했나요?

예) 일에 집중하지 못했다.
동료에게 불만을 털어놓았다.
담배가 늘었다.

이놈의 회사
그만 둘란다!

밤새
사이버
공간에서
불평을
늘어놓았다.

◆그때의 기분을 10점 만점으로 표현하면?

(10이 최고점이고, 점수가 높을수록 정도가 심함)

예) 한심…9
우울…8

자세히
기록하다 보면
깨닫게 돼!
거기서부터
수정 작업이
시작되는
거고.

헐~
비뚤어
졌어~

자기혐오만
커졌죠…

왜곡된 사고 수정하기

앞서 말한 부정적 사고(인지적 왜곡)로 일관하는 사람은 의식적으로 긍정적으로 사고하도록 노력해야 한다. 부정적 사고는 습관이 되기 때문에 바꾸기 위해서는 어느 정도 훈련이 필요하다.

우선 인지적 왜곡을 깨닫기 위한 항목에 구체적 상황을 적어 스트레스원인과 감정을 명확히 규명한다. 생각나는 대로 자유롭게 기술하면 된다. 형식에 구애받지 않고 일기처럼 써 본다.

부정적 감정에 빠진 이유를 글로 표현하면서 객관적으로 바라보는 게 중요하다. 또 자신의 고민을 문장으로 풀어내면 스트레스 발산에 도움이 된다. 이 작업은 다른 사람에게 이야기를 털어 놓는 것과 비슷한 효과를 기대할 수 있다.

다음으로 부정적 감정이 인지적 왜곡의 어느 부분에 해당하는지 체크해본다. 이 작업을 통해 본인이 어떤 왜곡된 사고를 하는지 파악할 수 있다.

마지막으로 자신의 감정과 왜곡된 인지를 객관적 사고로 기술해본다.

객관적으로 바라보는 요령은 만약 친구에게 같은 상담을 받았을 때 당신이라면 친구를 격려하기 위해 어떤 대응을 할지 생각해 보는 거다. 조금 과장되게 표현해도 상관없다.

이런 작업을 반복해서 실행하면 부정적 감정이 생겼을 때 객관적으로 사고할 수 있게 된다.

【왜곡된 인지의 대표 패턴과 수정 예시】

◆ 모든 일을 흑 아니면 백으로 판단한다.(이분법적 사고, 완벽주의)

모든 일을 흑 아니면 백, 좋고 싫음, 0 아니면 100으로 판단하려는 경향을 말한다. 중간 사고를 하지 못하는 극단적 완벽주의다.

【구체 예시】

대학 입시에 한 번 떨어졌는데 인생에 실패했다고 결론 내린다. 부정적 결과의 일부만 보고 모든 게 끝났다고 단정 짓는다.

【수정 예시】

실패를 한 번도 하지 않는 사람은 없다. 가끔 실패하거나 생각한 대로 되지 않는다고 인생이 끝난 게 아니다.

대학 입시에 한 번 떨어졌다고 대학에 못 가는 건 아니다. 앞으로 원하는 대학에 갈 기회는 얼마든지 있다.

◆ 항상 그렇다고 생각한다.(과잉 일반화)

한두 번 실패로 '항상 잘 안된다.'든지 '앞으로도 쭉 잘 안될 텐데.'라고 생각한다.

【구체 예시】

사귀던 상대에게 한번 차였을 뿐인데 '난 항상 차이는구나.'라든지 '앞으로 누구와도 사귀지 못할 거야.'라고 단정 짓는다.

【수정 예시】

어쩌다 차인 거지 항상 있는 일은 아니다. 이번뿐인 거다.

◆ 부정적 부분만 초점을 둔다.(정신적 여과)

나쁜 쪽으로만 생각하고 좋은 쪽으로 눈을 돌리려 하지 않는다.

【구체 예시】

비판받거나 실패하면 거기에 사로잡혀 오랜 시간 질질 끌려다닌다.

【수정 예시】

누구나 실패하고 미흡한 부분도 당연히 있다. 지나간 일은 되돌릴 수 없으니 마음을 다잡자. 앞으로 똑같은 실수를 저지르지 않으면 된다. 나는 장점이 많다. 장점으로 눈을 돌리자.

◆긍정적인 면을 무시한다.(긍정 격하)

정신적 여과는 좋은 부분을 무시하고 보지 않으려 하는 것이지만 긍정 격하는 좋은 부분을 있는 그대로 받아들이지 않거나 좋은 부분을 나쁜 식으로 교묘하게 바꿔치기하는 것이다.

【구체 예시】

성공해도 '어쩌다 잘 된 것뿐이야.', '누구나 이 정도는 할 수 있어.'라고 과소평가한다.

또 좋은 일만 계속되면 '다음엔 나쁜 일이 일어날 거야.'라고 간주한다.

【수정 예시】

성공하거나 결과가 좋으면 진심으로 기뻐한다. 그것을 이루어낸 자신을 칭찬하며 자존감을 높인다.

좋은 일이 일어난 후에는 반드시 나쁜 일이 생길 거라고 단정할 수 없다. 그렇게 생각하는 건 단순한 망상일 뿐이다. 일어나지 않은 미래를 고민해봤자 아무 소용 없다.

◆부정적으로만 예측한다.(비약적 결론)

[독심술의 오류] 명확한 근거도 없는데 타인이 자신을 나쁘게 생각한다고 상상한다.

[예언자의 오류] 앞으로 일어날 결과가 부정적이라고 단정 짓는다.

【구체 예시】

어쩌다 상사에게 주의받은 것뿐인데 상사가 자신을 싫어한다고 단정 짓는다. 입사 시험을 본 후 안 될 거라는 부정적 결과만 상상한다.

【수정 예시】

상사에게 주의받은 건 내 실수 때문이지 내가 미워서 그런 게 아니다. 같은 실수를 저지르면 누구라도 주의받았을 것이다.

알 수 없는 미래 결과에 대해 이러쿵저러쿵 고민해봤자 소용없다. 결과가 나오고 나서 다음 일을 생각하면 된다.

◆모든 일을 확대하거나 축소한다.(극대화와 극소화)

본인의 단점은 필요 이상으로 나쁘게 평가하고 장점은 과소평가한다.

반대로 타인의 단점은 나쁘게 평가하지 않고 장점은 과대평가한다.

【구체 예시】

작은 실수를 했는데 '도대체 난 왜 이런 거야.'라며 필요 이상으로 자신을 질책한다.

【수정 예시】

이 정도의 실수라서 다행이라며 긍정적으로 받아들인다.

◆감정을 진짜라고 판단한다.(감정적 추리)

그때그때의 감정이 진짜라고 단정 짓고 감정대로 모든 것을 판단한다.

【구체 예시】

업무상 실수했을 때 '나는 무능하고 한심한 인간이야.', '앞으로도 비참한 인생이 계속될 거야.'라는 감정이 생기면 진짜라고 믿고 그 감정에서 헤어나오지 못한다.

【수정 예시】

실수했을 때 일시적으로 떠오른 감정은 진짜가 아니다. 냉정하게 생각하면 그렇게 한심하고 비참한 일만은 아니란 걸 깨닫게 될 것이다.

한번 실수한 걸 가지고 능력이 전부 부정당해서는 안 된다. 한심한 실수를 반복하리라는 법은 없다.

◆'반드시 ~ 해야 한다.' 라는 식으로 생각한다.(당위적 사고)

모든 일에 항상 '반드시~해야 한다.', '~하지 않으면 안 된다.'라고 생각한다.

【구체 예시】

취업한다면 대기업에 입사해야 한다. 일을 완벽하게 처리하지 않으면 안된다. 마음먹은 대로 되지 않으면 자신이 무능력하다고 자책한다.

【수정 예시】

대기업이 아니라도 좋은 회사는 얼마든지 있다. 언제나 일을 완벽하게 처리할 수는 없다. 합격점만 받아도 성공한 거다.

내가 마음먹은 대로 가는 게 반드시 최선은 아니다.

◆부정적 이미지를 만들고 단정 짓는다.(낙인찍기)

모든 일에 부정적 낙인을 찍는다. 그리고 한번 낙인을 찍으면 진짜라고 못 박는다.

【구체 예시】

실수한 걸 가지고 '나는 무능력한 인간이야.', '어떤 일을 해도 실패할거야.', '항상 운이 안 따라주네.' 와 같이 스스로 부정적 낙인을 찍고 믿어버린다.

【수정 예시】

한 가지 일로 자신의 가치가 결정되는 것은 아니다. 어쩌다 그렇게 된 것일 뿐, 앞으로 계속 그럴 거라고 단정 지을 수 없다.

자신의 장점에 눈을 돌려 긍정적 낙인을 찍자.

◆자기 책임으로 돌린다.(개인화)

냉철하게 바라보면 다른 원인이 있음에도 불구하고, 본인 책임으로 전가한다. 특히 책임감이 강한 사람일수록 빠지기 쉬운 패턴이다.

【구체 예시】

　팀원의 실수를 본인의 실수로 받아들인다. 또 팀 전체의 책임을 본인 책임으로 해석한다.

【수정 예시】

　일어난 일을 냉철하고 객관적으로 분석한다. 과연 본인만의 잘못인지 다시 생각해 본다.

　다른 사람의 의견을 들어 본다.

9

긍정적인 면을 보려고 노력하기

스트레스로 인해 우울했던 경험은 누구나 있을 것이다. 우울한 기분은 당사자가 만들어 내는 경우가 많다고 한다. 그렇다면 우울해지지 않도록 부정적 일들과 마주하지 않으면 될까?

그러면 좋겠지만 그게 말처럼 쉽지 않다. 그렇다고 그냥 포기해 버리면 달라지는 건 아무것도 없다. 우선 할 수 있는 것부터 하나씩 실행해 보자.

부정적 감정이 떠오르면 의식적으로 긍정적인 면을 찾아보려 노력한다.

예시로 자주 등장하는 물이 컵에 반 정도 들어 있는 이야기를 떠올려보자. 컵 속의 물을 보고 '반밖에'라고 생각할 수도 '반이나'라고 생각할 수도 있다. 어차피 물의 양은 달라지지 않는다면 '반이나'라고 생각하는 게 낫지 않을까?

어떤 상황에서도 찾으려 노력하면 긍정적인 면은 반드시 보인다.

'아무 일도 없는 무난한 하루였어.'라고 생각하는 것보다 '특별히 안 좋은 일도 없었고 보람찬 하루였어.'라고 생각하는 편이 낫다.

교통사고로 다리가 골절됐지만 생명에 지장이 없으니까 운이 좋았던 걸로 받아들인다.

감사일기도 추천한다. 소소한 일이라도 괜찮으니 좋았던 일을 글로 써 본다. '전철에서 앉았다. 점심이 맛있었다. 산책하면서 아름다운 꽃을 발견했다.' 등등 소소한 일상도 좋다.

'사물을 바라보는 시각'에 관한 유명한 이야기

반이나 남았네!

반밖에 안 남았네...

긍정적

부정적

어떻게?

좋은데~

이쪽 사고로 향하게 훈련하자!

소소한 일상도 OK!

나를 괴롭히던 여드름이 아침에 사라졌어...는 어때?

오늘 하루 좋았던 일... 특별한 일이 있었나?

감사 일기를 써 보자고! 강력 추천

일기 2023

10

신체의 긴장 풀어주기

인지 왜곡을 수정하는 작업은 사고로 스트레스를 제어하는 방법이다. 이번에는 신체 긴장을 완화해 스트레스를 줄이는 방법을 알아보자.

스트레스 증상이 나타나는 원인 중 하나가 자율 신경 실조증이다. 교감 신경과 부교감 신경이라는 자율 신경계의 균형이 깨지면서 다양한 신체 증상이 나타난다. 이를 완화하기 위한 방법이 자율 신경계의 균형을 정상적인 상태로 되돌리는 자율훈련법이다.

자율훈련법의 대표적 실행 방법은 다음 페이지에서 자세히 소개하겠다.

자율훈련법과 비슷한 릴랙세이션법이 있다. 이는 단순히 신체를 이완하는 것이 아니라 의식적으로 릴랙스 상태로 만드는 방법이다. 가부좌를 틀고 하는 명상도 그중 하나다.

릴랙세이션법에는 다양한 변형이 있다. 간단한 방법을 소개하면 다음과 같다.

의자에 앉거나 누워서 신체의 긴장을 풀고 천천히 숫자를 세면서 복식호흡을 반복한다. 숫자를 세며 잡념을 없앤다. 만약 걱정거리가 떠오르면 숫자 세는 행위에 의식을 집중한다.

근육 긴장을 풀기 위해 우선 일부러 근육을 긴장시킨 후 한 번에 긴장을 완화하는 방법도 효과적이다. 예를 들어 양쪽 어깨를 위로 끌어올려 그대로 5초간 유지한 후 힘을 툭 풀며 어깨를 떨어뜨린다. 이 동작을 여러 번 반복한다. 긴장을 풀고 싶은 부위가 있으면 그곳에 집중해서 실시한다.

자율훈련법

① 등받이가 있는 의자에 허리를 곧게 펴고 앉는다. 손은 무릎 위에 가볍게 올려놓는다. 바닥에 누워도 상관없다. 조명은 어두운 편이 효과적이다.

② 몸에 힘을 빼고 눈을 감는다.

③ '마음이 가라앉는다.'고 머릿속으로 천천히 여러 번 되뇐다.

④ '오른팔(왼손잡이라면 왼팔)이 매우 무겁다.'고 오른팔에 의식을 집중하며 머릿속으로 천천히 여러 번 되뇐다.

⑤ 마찬가지로 아래 항목을 순서대로 신체 부위마다 머릿속으로 여러 번 되뇐다.

　(시간이 없으면 손발까지만)

　'마음이 가라앉는다.'

　'오른팔(왼손잡이라면 왼팔)이 매우 무겁다.'

　'왼팔(왼손잡이라면 오른팔)이 매우 무겁다.'

　'오른 다리가 매우 무겁다.'→'왼 다리가 매우 무겁다.'

　'오른팔이 매우 따뜻하다.'→'왼팔이 매우 따뜻하다.'

　'오른 다리가 매우 따뜻하다.'→'왼 다리가 매우 따뜻하다.'

　'심장이 조용히 뛴다.'

　'편안히 호흡한다.'

　'배가 따뜻하다.'

　'이마가 기분 좋게 시원하다.'

⑥ 마지막에 암시를 제거하기 위해 눈을 감은 채 양손을 벌리거나 닫는 동작을 여러 번 반복한다. 양팔과 양다리를 구부렸다 폈다 하고 크게 기지개를 켜며 눈을 뜬다.

11

몸을 움직여 스트레스 풀기

스트레스를 줄이기 위해 스트레스를 쌓아 두지 않는다. 그렇게 하려면 스트레스를 원만히 발산할 수 있는 자신만의 방법을 찾아야 한다.

운동이나 취미에 몰두하는 방법도 효과적이다. 그 밖에도 독서, 음악, 맛집 탐방, 친구들과의 술자리, 화초 기르기, 반려동물 키우기, 반신욕 등 여러 가지가 있다.

특히 집중하거나 움직이는 시간을 갖는 게 중요하다. 앞서 말한 바와 같이 행동이 감정을 만들어 내기 때문이다.

억지로라도 웃으면 즐거워진다. 그러면 스트레스 호르몬이 줄어들고 뇌 안에서 신경 전달 물질인 세로토닌, 도파민, 노르아드레날린 분비가 촉진된다.

우울할 때는 고개를 들고 보폭을 넓혀 걷는 것만으로도 기분이 달라진다.

성공법칙을 다룬 서적에는 방 청소나 정리를 하면 운이 좋아진다는 해법이 등장한다. 청소나 정리를 하고 있으면 잡념이 사라지고 무념무상의 상태에 빠지기 때문이다. 방이 깨끗해지면 기분도 상쾌해진다. 몸을 움직이면 의욕이 샘솟게 된다.

마음이 괴롭고, 한 발짝도 움직이고 싶지 않을 때는 그저 몸을 쉬게 한다. 스트레스에 명약은 휴식이기 때문이다. 잠을 자는 등 우리 몸을 쉬게 하는 일을 최우선으로 실행한다. 쉬고 나서 몸을 움직일 수 있게 되면, 그때 조금 무리를 해서라도 앞서 말한 것들을 실행해 본다.

당장 해결이 안 되는 일, 본인이 할 수 없는 일은 고민해봤자 소용없기 때문에 잊어버리자.

지금 눈앞에 있는 일, 할 수 있는 일을 하나씩 실행해 가는 게 중요하다.

12

주변 사람들의 지원으로 개선되는 스트레스

스트레스는 어떻게 받아들이고 대처하느냐에 따라 개선될 수 있다.

또 주변 사람들과 어떤 관계를 맺느냐에 따라서도 스트레스 정도가 달라진다. 주변 사람들이 어느 정도 지원해 줬는지 그 지원을 어떻게 느꼈는지에 따라 스트레스 수용 자세가 달라진다. 여기서 말하는 주변 사람들의 지원을 사회적 지원(Social Support)이라고 한다.

곁에 지원이나 상담해 주는 가족이나 친구가 있으면 스트레스는 줄어든다.

불만을 늘어놓거나 고민을 털어놓을 상대가 있는 것만으로 든든하다. 누군가에게 이야기하는 행위는 객관적으로 스트레스와 대면하는 계기가 되기 때문이다.

스트레스는 쌓아 두지 말고 발산해야 한다. 발산하면 긴장감에서 해방되며 마음이 편해진다.

거기에 지원자가 나타나면 스트레스가 훨씬 가벼워진다. 업무가 바쁠 때 구원투수가 나타나면 일하기 수월해지는 것과 마찬가지다.

하지만 스트레스를 혼자 안고 자기 선에서 어떻게든 해결해보려 할수록 악순환에 빠져 점점 늪에서 빠져나오기 힘들어진다.

스트레스 증상이 심해지고 생활에 지장을 초래한다면 정신 신체 의학 내과 등 전문기관에 내원해 도움받기를 추천한다.

주요 참고 도서

河野友信, 石川俊男 編集, 『ストレスの事典』, 朝倉書店, 2005.

杉春夫, 『ストレスとはなんだろう』, 講談社, 2008.

熊野宏昭, 『ストレスに負けない生活』, 筑摩書房. 2007.

室伏きみ子, 『ストレスの生物学』, オーム社. 2005.

星恵子, 『ストレスと免疫』, 講談社. 1993.

竹之内敏, 『治し方がよくわかる心のストレス病』, 幻冬舎, 2004.

有田秀穂, 『脳からストレスを消す技術』, サンマーク出版. 2008.

藤田紘一郎, 『免疫力をアップする科学』, サイエンス・アイ新書, 2011.

野口哲典, 『マンガでわかる神経伝達物質の働き』, サイエンス・アイ新書. 2011.

野口哲典, 『マンガでわかるホルモンの働き』, 野口哲典・サイエンス・アイ新書, 2013.

野口哲典, 『遅刻・締切いつもルーズな人のクスリ』, 明日香出版社, 2006.

Memo :
_____
_____
_____
_____
_____
_____
_____
_____
_____

MANGA DE WAKARU STRESS TAISHOHO

하루 한 권, 스트레스

초판 인쇄 2023년 8월 31일
초판 발행 2023년 8월 31일

지은이 노구치 데쓰노리
옮긴이 이선희
발행인 채종준

출판총괄 박능원
국제업무 채보라
책임편집 구현희 · 김민정
마케팅 문선영 · 전예리
전자책 정담자리

브랜드 드루
주소 경기도 파주시 회동길 230 (문발동)
투고문의 ksibook13@kstudy.com

발행처 한국학술정보(주)
출판신고 2003년 9월 25일 제406-2003-000012호
인쇄 북토리

ISBN 979-11-6983-574-9 04400
       979-11-6983-178-9 (set)

드루는 한국학술정보(주)의 지식 · 교양도서 출판 브랜드입니다.
세상의 모든 지식을 두루두루 모아 독자에게 내보인다는 뜻을 담았습니다.
지적인 호기심을 해결하고 생각에 깊이를 더할 수 있도록, 보다 가치 있는 책을 만들고자 합니다.